산 속의
보물을 찾아서

글·사진 **이명우**

도서 출판 **운룡도서관**

산속의 보물을 찾아서

초판 인쇄　　2023년 04월 5일
초판 발행　　2023년 04월 15일

지 은 이　　이명우
펴 낸 이　　이명우

펴 낸 곳　　도서출판 운룡도서관
주　　소　　04953 서울특별시 광진구 자양로 43길 85
전　　화　　02)454-3431, 010-3893-3431
E-mail　　btclee@hanmail.net
등　　록　　제2023-000009호
I S B N　　979-11-982556-0-0　06480

정　　가　　14,000원

이명우님은 서울 출신으로, 등산을 하며 버섯과 약초에 대한 궁금증을 전문서적으로 탐구해 오고 있다. 그는 한양대 선사공학과를 졸업한 엔지니어 출신으로 전지제품 제조업체에서 몇 십년간 일하다가 역동적인 삶을 살고 싶어 회사를 차렸다. 그가 등산에 관심을 갖게 된 이유는, 사업의 어려움을 극복하고자 복잡한 도심을 벗어나 자연에서 휴식을 취하며 등산의 즐거움을 만끽하기 위해서다. 야생식물에 관심이 있어 자연스레 산나물과 야생버섯을 카메라에 담고 이를 채취하여 직접 먹어보며 전문적인 지식을 가지게 되었다.

역사에도 관심이 높아, 어려서부터 동경해 오던 역사에 대한 궁금증을 역사 전문 운룡도서관과 운룡역사문화포럼을 운영하며 왕성한 현장 학습과 저서 집필을 통해 지식을 쌓아 가고 있다. 저서로, 『창조경제 정말 어려운가?』(2013. 공저), 『알면 알수록 위대한 우리과학기술의 비밀』(2016), 『환단고기가 위서(僞書)가 아님을 입증하는 사료(史料)의 고찰』(2019), 『산에 가는 사람 모두 등산의 즐거움을 알까』(2019), 『1909년 환단고기』(2020. 공저)를 집필하였다. 또한, 전기산업인산악회 고문, (사)대한노인회 정책위원회 역사문화예술 소위원장으로 사회활동하고 있다.

목차

머리말

남녀노소를 불문하고 많은 사람들이 등산을 하는데 대부분 건강을 증진시키며 산행의 즐거움을 맛보고자 한다. 등산을 하면서 얻는 즐거움은 힘들지만 산 정상에 올랐다는 기쁨, 사계절 산의 아름다운 경치를 보는 즐거움, 그 산속에서 맑은 공기를 마시며 같이 산행을 하는 사람들과의 즐거운 대화 등이 있을 것이다.

어느 정도 등산에 재미를 붙이면 친구들 서너 명 또는 혼자서 산행을 즐기게 된다. 이렇게 등산이 취미가 되어 산행을 하다 보면 자연히 나물 캐는 사람들과 각종 약초, 버섯을 채취하는 심마니들을 만나게 되고 그들로부터 등산을 하면서 얻을 수 있는 산속의 새로운 보물을 알게 된다.

보물이라 해서 금은보석이 아니고 자연이 인간에게 무상으로 주는 귀중한 자연산 물품을 말한다. 봄에는 산나물과 향기로운 차를 만들 수 있는 야생 꽃과 열매들이 있고, 여름과 가을에는 버섯과 약초가 있다. 또한 죽은 나무들이 만든 괴목과 산을 감싸고 있는 강가나 개울가에서 수석이라 부르기는 좀 뭐하지만 보기 좋고 귀여운 돌멩이들을 얻을 수 있다.

젊었을 때는 모두들 건강을 위해 그리고 젊음을 자랑하느라고 정상을 목표로 등산길 주위의 식물이나 나무 등에 한눈팔지 않고 산행을 한다. 그러나 오십이 넘으면 대부분 산 높이 올라가지 않고 자연을 관찰하며 산행을 즐기게 된다. 그러다 산속의 보물을 알게 되면 산행을 하면서 보물을 찾는 느긋하고 재미있는 산행을 하게 되어 건강증진, 자연관찰, 보물획득 등 일석삼조의 기쁨을 얻게 된다.

이 책은 40년 이상 등산을 하면서 산속의 식물에 대해 관심을 갖고 전문서적으로 공부하고 직접 채취와 활용한 경험을 토대로 산속에서 얻을 수 있는 산나물, 버섯, 나무열매, 꽃, 약초에 대해 사진과 더불어 생태적인 특징, 채취와 활용법, 효능과 먹는 방법을 상세히 설명하였다.

특히 산나물이나 버섯 및 약초는 수백 종류가 되고 독성이 있는 것도 있어 일반인들이 산에서 직접 채취하는 데 두려움을 갖게 된다. 이 분야의 서적들이 있지만 수백 종류의 산나물이나 버섯 등이 다 수록된 도감 형태의 책이라 일반인들이 쉽게 숙지하고 직접 활용하기가 매우 어려운 것이 현실이다.

이런 점을 감안하여 이 책은 독자 분들이 산나물이나 버섯 등을 쉽게 구별하여 채취하고 활용할 수 있게끔 나물 17개, 버섯 15개, 기타 열매와 약초, 꽃차, 수석, 괴목 등을 상세하게 수록하였다. 아무쪼록 이 책이 산행하는 사람들이 산속에 있는 보물들에 관심을 두고 그것들을 채취하고 활용하여 즐거움을 갖는 데 큰 도움이 되기를 진심으로 바라는 마음이다.

2023년 2월
아차산 운룡도서관에서
이명우

산에 보물이 있어 즐거운 산행

요즘은 등산 인구가 너무 많고 동호회도 많아져서 가까운 북한산이나 도봉산 등 도시 근교 산에 가면 중장년층의 등산객뿐만 아니라 20~30대의 젊은 남녀, 60~70대의 노년층까지 전 연령대가 북적댄다. 더구나 형형색색의 등산복과 아웃도어 장비를 갖춘 등산객들이 산길에서 어깨를 부딪치며 걸어가야 하고 심지어 좁은 경사진 곳에서는 줄을 서서 가야 할 정도이다.

평야가 별로 없는 우리나라에서 우리들은 농촌이나 도시 주변에서 늘 산을 보고 살아왔기 때문에 산을 잘 안다고 생각한다. 그러나 대부분의 사람들이 산을 잘 안다고 생각하지만 산에 높이 올라가보지 않고 깊은 산속을 많이 다녀 보지 않아서 실제로는 산을 잘 모르고 있는 것이 사실이다.

진정으로 산에 대하여 알려면 등산을 시작하여 산밑에서부터 능선을 따라 정상에 오르고 또 하산하며 산속 깊은 계곡을 따라 내려와 봐야 된다. 산의 높이를 따지지 않고 자신이 살고 있는 주변의 400~500m의 낮은 산이라도 등산을 많이 하다 보면 산을 이해할 수가 있다.

등산을 간다고 하면 왜 등산을 가는지 묻지 않아도 누구나 "건강을 위하여" 라고 무의식중에 생각하고 말하게 된다. 그만큼 등산이 남녀노소를 불문하고 모두에게 건강에 좋다고 자신있게 말할 수 있다. 우리나라는 몇 년 전부터 몸에 좋은 음식을 잘 먹고 공기 좋은데서 건강하게 살고 싶어 하는 동기에서 '웰빙' 바람이 불었으며 지금은 치유도 겸한 '힐링'에 뜻을 두고 삼림욕을 하기 위해 휴양림을 찾아가고 더불어 등산 모임에 참여하기도 한다.

설악산 단풍

우리나라는 사계절이 분명하여 봄, 여름, 가을, 겨울의 사철에 따른 등산을 즐길 수가 있다. 등산을 처음 시작하는 초보자에서 등산 마니아가 되는 과정을 살펴 보면 대략 5가지 과정을 거친다. 초보자는 등산을 배우기 위하여 "등산모임 따라가기"를 하고 어느 정도 등산에 재미를 붙이면 친구들 서너 명이 "친구와 함께 담소"하며 산행을 즐긴다.

이런 과정을 거쳐 3~5년 산행하다 보면 등산 고수들로부터 자연스럽게 백두대간 종주 등의 얘기를 듣게 되고 종주를 하는 마니아들을 따라서 "산과 하나가 되는 종주"를 시작한다. 여러 종주 코스를 다니다 보면 더 높은 산행 경지를 맛보고자 혼자 산행을 하고 싶은 충동이 생겨 "침묵 속에 나홀로 산행"을 하며 내 삶을 돌아보게 된다.

사람들이 잘 안 다니는 산을 찾아 나 홀로 산행을 하다 보면 자연히 나물 채취하는 아줌마와 약초와 버섯을 캐는 심마니들을 만나게 되고 그들로부터 등산과 함께하는 새로운 산속의 보물을 알게 된다. 그 후 높은 산을 올라가지 않고 "산속에 보물을 찾아서" 느긋하고 재미있는 산행을 하게 된다. 이쯤되면 산에서 자연과 함께 신선 노름하는 산꾼이 된다. 이렇게 다섯 단계를 거치며 10년 이상 지나면 완전한 취미 생활로의 등산이 자리잡게 된다.

숲속의 산행

산속의 보물을 찾아서

4계절 등산을 하다보면 우연치 않게 산 능선이나 계곡에서 보물을 얻을 수 있다. 보물이라 해서 금은보석이 아니고 자연이 인간에게 무상으로 주는 귀중한 물건이 있다. 봄에는 산나물과 향기로운 차를 만들 수 있는 야생 꽃과 열매들이 있고, 여름과 가을에는 버섯과 약초가 있다. 또한 죽은 나무들이 만든 괴목과 산을 감싸고 있는 강가나 개울가에 수석(壽石)이라 부르기는 좀 뭐하지만 보기 좋고 귀여운 돌멩이들을 얻을 수 있다.

젊었을 때는 모두들 건강을 위해 그리고 젊음을 자랑하느라고 정상을 목표로 등산길 주위의 식물이나 나무 등에 한눈 팔지 않고 산행을 한다. 그러나 오십이 넘어서 천천히 산행을 하면서 산 능선과 계곡에서 산나물이나 버섯을 채취하는 사람을 본다든가 이상한 괴목이나 지팡이를 얻어서 즐거워하는 등산객을 만나서 얘기를 하다보면 산속의 보물인 산나물과 버섯이나 수석 또는 괴목에 관심을 갖게 된다.

나는 육십 중반에 한창 산에 다닐 때 산에 관한 책을 많이 읽었다. 그때 읽은 책 중에서 신정일씨가 쓴 《나를 찾아가는 하루 산행》을 읽어 보고 산나물과 버섯에 관해 흥미를 갖게 되면서 산나물과 버섯에 관한 책을 사서 읽어보고 공부하기 시작하였다. 그 책에서 저자는 산나물과 약초 등에 대해서 이렇게 감회를 말하였다.

"초등학교 시절 어느 날 아버님이 산이나 가자 하고 내 등에 작은 망태를 매어 주었다. 틈나는 대로 아버님을 따라 산에 다니며 봄나물 중에서 으뜸인 고비는 열두덜에 많이 나고 참두릅은 국골에서 많이 나며 더덕은 선각산 정상 바로 아래 부근에 나는 것이 씨알이 굵다는 것도 알게 되었다. 산에서 나는 약초와 먹을 수 있는 열매에 대한 것뿐만 아니라 산에 대한 종합적인 지식들을 많이 배웠던 시절이 있었다. … 중략 … 젊어서 지리산이나 설악산 같은 유명한 산을 종주할 때인데, 설악산 중청봉 아래 길섶에 만개했던 야생 표고버섯을 따다가 백담사 계곡에서 표고된장국을 끓여 먹었던 일이나 화엄사 바로 위에서 으름과 다래를 포식했던 일, 그리고 식사 때마다 그 주변에서 캐온 더덕으로 반찬을 해 먹었던 일이 어린 시절의 그 소중한 체험 때문에 가능했다."(신정일, 『나를 찾아가는 하루 산행』 서문에서)

산에서 얻을 수 있는 보물에 대해 관심을 갖게 되면 산나물이나 버섯 등의 책을 보게 되고 어쩌다가 스스로 보물을 만나거나 얻게 되는 경우에 또 다른 즐거움을 느끼게 된다.

이런 즐거움을 자주 느끼게 되면 점점 산속의 보물에 관심을 더 갖게 되고 서서히 산속의 보물에 매료되어 산행의 즐거움이 배가 된다. 어쩌다가 사람이 많이 다니지 않는 산 능선이나 계곡에서 곰취나물이나 두릅 또는 영지버섯을 발견한다든가 하는 경우가 생기면 얼른 배낭을 벗어 놓고 사진도 찍고 귀한 보물을 채취하게 된다. 이런 경우가 바로 산행을 하면서 건강도 챙기고 귀한 보물도 얻는 일석삼조의 행운의 날이 된다.

일반적으로 산행하는 사람들이 산나물이나 버섯 등에 관심을 안 갖게 되는 이유가 잘못하여 독이 있는 나물이나 버섯을 채취하여 생명을 위태롭게 하지 않을까 걱정하기 때문이다. 봄이나 여름이면 TV방송에서 산나물이나 버섯의 위험성에 대해 많이 방송하는 것 때문에 모두들 몸사리게 된다. 이런 이유 말고도 산나물이나 버섯의 종류가 너무 많고 독성이 있는 것과 먹을 수 있는 안전한 것인지 판단하기가 아주 애매모호하여 위험을 자초하지 않으려고 하는 경향이 있기 때문이다.

그러나 산나물이나 버섯을 여러 가지 자료나 전문가들이 쓴 책을 보고 공부하면서 현장에서 잘 관찰하고 이 방면에 잘 아는 사람으로부터 조언을 얻으면 3년 이내에 전문가 수

준이 될 수 있다. 특히 산나물이나 버섯은 수백 종류가 되기 때문에 너무 많이 알려고 하지 말고 대표적으로 쉽게 발견 할 수 있고 독성이나 진위 여부를 쉽게 판별할 수 있는 15~20여 종류만 숙지하는 것이 안전하고 바람직하다.

대형 암칡(사진: 필자)

봄의 산나물 향기속으로

봄이 오면 산과 들이 하루가 다르게 고운 색깔로 갈아입는다. 산밑에서 골짜기로 들어서면 산벚나무 꽃이 흐드러지게 피고 생강나무도 노란색 꽃을 피워 눈길을 사로잡는다. 산속에 온갖 나무와 풀이 앞다퉈 꽃을 피우고 쉴 새 없이 새싹을 틔우면서 봄의 생기가 온몸으로 느껴진다. 꽃이 지고 나뭇잎이 파릇파릇하게 자라면 산에서는 산나물이 자라기 시작한다. 낮은 산에는 참취와 고사리, 머위, 두릅 등이 있고, 골짜기와 물가에는 다래나물이 있으며 산능선이나 높은 산에는 곰취가 먹기 좋을 만큼 알맞게 자란다.

나물이란 야생식물의 먹을 수 있는 부분이나 채소를 조미해 만든 반찬인 동시에 식용이 가능한 야생식물의 재료를 일컫고 있다. 숙채와 생채의 총칭이지만 일반적으로는 숙채를 의미하며 우리 식생활의 부식 가운데 가장 기본적이고 일반적인 음식이기도 하다. 나물의 이름 앞에 산자가 붙은 산나물은 산에서 나는 나물이고, 들나물은 들에서 나는 나물이다.

봄의 산나물은 새싹이라 부드럽고 향기롭다. 산나물은 밭이나 하우스에서 재배하는 채소나 나물보다 야생의 어려운 환경에서 살아남기 위한 수단으로 강한 향과 특수 성분을 가진다. 이 강한 향과 특수한 성분이 현대인의 희귀병을 예방하고 치료하기도 한다. 봄이 지나면 식물은 생존을 위한 방어 수단으로 억세지며 맛은 쓴맛이 강해지고 일부는 독성을 갖게 된다. 그래서 봄이 지나면 나물들이 억세져서 먹지를 않는다.

옛 문헌 《조선식품성분연구보고》의 산야에 자생하는 식용식물 편에서는 "고래로 조선에서는 산야에 자생하는 식용식물을 채소에 준해 나물이라 부르고 대단히 많이 먹고 있다. 특히 농산촌에서는 2월 초순부터 5월 중순까지 약 3개월간은 야초 등을 밥이나 떡에 넣어 먹고 있다"고 쓰고 있다.

《증보산림경제》에는 산 야채품으로 비름·고사리·여뀌·쑥 등의 기록이 있으며, 《농가월령가》의 2월에는 들나물·고들빼기·씀바귀·달래, 《농가십이월속시》에는 물쑥·소리쟁이, 《조선요리법》에는 두릅·풋나물 등이 나온다.

또한 《조선무쌍신식요리제법》의 나물 볶는 법편에는 취나물·순채·산나물·풋나물·죽순·방풍 등이 나타나고 있어 눈길을 끈다.

산나물의 기록은 옛날의 향가나 시조에도 많이 등장한다. 《전원사시가》에는 '낱낱이 캐어내어 국 끓이고 나물 무쳐'라는 내용이 있고, 조선시대 문인인 정철은 '산채를 맛들이

니 세미를 잊을 노라', '쓴나물 데운 물이 고기보다 맛이 있네'라는 시를 썼고 , 윤선도는 '보리밥 풋나물을 알맞춰 먹은 후에' 등의 기록이 있다.

봄이 오면 몸에 활력을 주는 나물들이 식탁에 자연스럽게 오른다. 일반 가정이나 식당에서 먹는 나물들은 대부분 농가나 대규모 농장에서 재배한 식품이다. 그러나 산나물은 산의 정기를 품은 자연 식물이기 때문에 재배한 나물에 비해 맛과 향이 으뜸일 뿐만 아니라 몸에 좋은 여러 영양소가 많아 완벽한 자연식품이고 농약과 비료를 사용하지 않은 천연 식품이다.

봄에 산밑 밭두렁이나 계곡 및 능선에서 쉽게 발견하여 채취할 수 있고, 맛있는 산나물 17가지로는 취나물, 냉이, 지칭개, 쑥, 민들레, 쓴바귀, 머위, 고사리, 두릅, 다래나무순, 엉겅퀴, 망초대, 둥굴레, 참나물, 전호, 더덕, 쇠뜨기가 있다. 산에서 쉽게 볼 수 있는 이 17가지 산나물만 확실히 알아도 봄에 산나물을 채취하는 즐거움을 만끽할 수 있다. 산나물을 알고 채취하기 시작하여 3~5년 정도 지나 산나물 책을 보며 관찰하다 보면 풀솜대, 원추리, 삼나물, 명이나물(산마늘), 오가피순, 음나무순, 산뽕잎, 더덕, 삽주, 잔대 등 여러 가지 산나물들을 알게 되고 구별하는 방법도 자연히 터득하게 된다.

산나물

참취

취나물

 바깥은 아직 봄을 시샘하는 눈이 내리고 날씨는 쌀쌀하지
만 마트나 백화점 식품 코너에 가 보면 '벌써 봄이구나' 생
각할 정도로 싱싱한 산나물을 선보이고 있다. 그 산나물 중
취나물은 다른 산나물보다 먼저 밥상을 맛깔스럽게 바꿔
놓는다. 향긋한 향이 나고 약간 쌉싸래한 맛이 나는 참취는
겨우내 거칠어진 입맛을 되살려준다.

 참취는 곰취와 더불어 미역취, 단풍취, 수리취 등 여러 종
류의 취나물 중에서 단연 으뜸으로 치는 산나물이며 토질
이나 기후를 까다롭게 가리지 않고 전국 어디에서나 잘 자
란다. 산을 오르다 보면 뿌리에서 연한 녹색을 띠는 새잎이

여러 장 나와서 자라는 참취의 모습이 자주 눈에 띈다. 취나물은 봄부터 여름까지 뿌리에서 계속 새잎이 자라나 산을 뒤덮는다. 특히 키 큰 나무가 우거진 숲속보다 벌채한 곳이나 산불이 난 적이 있어 햇볕이 잘 드는 곳에서 흔히 볼 수 있으나 산에 따라서는 참취를 보기 어려운 산도 있지만 참취가 많이 나는 산도 있으며 넓은 면적에 군락을 이루며 자생한다.

참취는 국화과에 속하며 속명은 아스터(Aster)인데, 두상화(頭狀花)가 방사상으로 핀 것이 별과 같다는 그리스어에서 유래한다. 참취는 흔히 '취나물'이라고 부르며 산나물의 대명사처럼 여겨질 만큼 많이 먹는 산채다. 특유의 쌉쌀한 맛이 강한 자연산 취나물은 단백질, 칼슘, 비타민 등이 풍부한 알카리성 식품으로 환절기 알레르기와 면역력을 높이는 성분이 있어 성인병 예방에 탁월한 효과가 있다. 취나물은 한자로 향소(香蔬)라고 불릴 만큼 향긋함이 입맛을 당긴다.

4~5월에 어린순을 따서 삶은 뒤 나물로 볶으면 별미이다. 무쳐도 먹고 국거리나 찌개에도 이용하며, 말렸다가 묵나물로 가장 많이 이용된다. 참취는 수산(蓚酸: oxalic acid)을 함유하고 있어 생으로 먹으면 몸속의 칼슘과 결합하여 결석을 유발할 염려가 있어 생으로 먹지 않는다. 그러나 수산은 열에 약하기 때문에 끓는 물에 약간 데치기만 해

도 분해가 되어 안전하며 데치면 향이 더 높아져서 나물로 먹기가 좋아진다.

참취나물을 채취할 때 주의하여야 할 사항은 참취와 비슷하게 생겨 초보자는 구별하기 어려운 풀잎이 있으며 동이나 물이란 독초도 있다. 그래서 방송 등 언론 매체에서 취나물과 비슷한 독초를 잘 구분하여 채취하라고 한다. 참취는 잎 가장 자리가 톱니와 같이 날카롭게 되어 있으나 비슷한 풀잎에는 잎 가장자리가 둥그스름하게 되어 있다. 가장 쉽게 구별하는 방법은 취나물은 모두가 잎이나 가지를 꺾어서 냄새를 맡아보면 확실하게 취향내가 난다. 그러나 풀잎이나 독초는 취향내가 없고 풀냄새가 난다. 참취인지 아닌지 의심스럽다고 생각하면 잎가지를 꺾어서 냄새를 맡아보면 안다.

단풍취

산나물

곰취

　곰취는 깊은 산속에 살고 있는 곰이 좋아하는 나물이라는 뜻으로 곰취라고도 하며 잎 모양이 넓적하게 발바닥처럼 생겼다하여 곰취라고도 한다. 곰취를 된장에 밥과 함께 쌈 싸 먹으면 잎이 식감있게 씹히며 쌉싸름하면서도 은은하게 입안에 퍼지는 취 향내로 인하여 먹는 맛이 일품이라 산나물의 여왕이라고 부른다.

　곰취는 여러해살이로 표고가 높은 산 여기저기 흩어져 자라기 때문에 처음 발견하면 근처 여러 군데를 다니면서 찾아야 채취할 수 있는 산나물이다. 해를 거듭할수록 뿌리가 새끼를 쳐서 늘고 잎이 여러 개 쑥쑥 자란다. 잎이 한두 개가 자라는 곰취는 1~2년생이고 여러 개가 자라는 것도 있다. 곰취는 잎모양이 둥굴고 잎 가장자리에 잔톱니가 세밀하게 많이 있다.

또한 곰취는 굵은 실 같은 잔뿌리가 여러 개인데 낙엽이 여러 해 동안 쌓여 흙살이 두껍고 토양 수분이 적당한 곳이며 키 큰 나무가 햇볕을 적당히 가려주고 안개비 같은 것이 자주 내려 공중습도가 높은 북서쪽 산비탈에서 잘 자란다.

곰취 잎은 햇볕이 적당히 드는 곳에서 자란 것은 크고 연하지만 햇볕이 많이 들고 토질이 메마른 곳에서 자란 것은 억세다. 산나물은 적당한 시기에 채취해야 먹기가 좋다. 곰취는 3~6월 사이에 새로 올라온 어린잎을 채취하여 나물

곰취와 비슷한 풀잎

로 먹는다. 그러나 조금만 시기를 놓치면 잎이 억세고 쓴맛
이 강해져 생나물로 먹기가 곤란해진다.

　손바닥보다 크게 자란 것은 질겨서 생나물로 먹는 것보다
고기를 싸 먹거나 아니면 장아찌 등으로 요리해 먹는 것이
낫다. 취잎에는 알카로이드, 아스코르빈산이 있고 항산화
작용을 하는 비타민C와 베타카로틴이 들어 있다. 이런 약효
성분 때문에 항암(폐암, 유방암, 간암, 위암), 항산화 효과,
노화방지, 혈관계 질환에 좋은 것으로 연구 보고되고 있다.

산나물

냉이

　겨울 추위가 끝나가면서 밭두렁이나 산밑에 풀이 파릇파릇 솟아 나기 시작하면 처음 볼 수 있는 나물이 냉이이다. 겨자과에 속하는 냉이는 한해살이로서 늦가을에 싹을 틔워 겨우내 조금씩 자라다 봄이 되면 빠르게 성장한다. 3월부터 꽃을 피우고 4월이면 씨앗이 영글어 떨어지지만 늦게 자라는 냉이는 6월에야 씨앗을 맺는다. 겨울에 땅이 얼지 않으면 냉이를 캘 수 있으며 보통 3월에서 5월 사이에 뿌리채 캔다.

　냉이는 경사진 곳보다는 평탄한 곳을 좋아하고 밭두렁이나 배추 등 잎 넓은 채소가 재배되어 수확이 끝난 빈 밭을 더욱 선호하여 넓게 퍼져서 자란다. 처음으로 나물을 캐려고 이른 봄 산밑이나 밭 등에 냉이를 찾으면 십중팔구는 냉이 비슷한 나물인 "지칭개"를 냉이로 판단하고 캐와서 먹고 쓴맛에 후회하게 된다. 그래서 산나물 캐는 초보자들은 냉이와 지칭개를 구별하기가 어렵다고 한다.

냉이는 먹는 채소 말인 남새, 나생이에서 유래하는 아주 오래된 우리말 이름으로 나물과 동원어이다. 봄나물 중에서 첫 번째로 생각나게 하는 냉이는 향긋하고 독특한 맛때문에 싫어하는 사람이 없을 정도이다. 살짝 데쳐 된장에 버무려 먹는 맛은 일품이다. 된장을 넣어 만드는 냉이국 또한 많은 사람들이 입맛을 다시게 하는데 뿌리와 함께 넣어야 제맛이 살아 난다.

냉이는 단백질과 칼슘, 철분이 풍부하고 비타민A가 많이 들어 있어 봄철 춘곤증을 예방하는 데도 좋다. 또한 간을 튼튼하게 하고 장에도 이롭기 때문에 간경화증과 복막염에도 좋은 효과가 나타나며 양기를 증강시키는 데도 일조를 한다.

냉이

산나물

지칭개

지칭개는 이호채(泥胡菜), 니호채(泥胡菜), 나미채라고
도 불리우는데 밭이나 들에 흔하게 자라는 두해살이풀로서
줄기잎은 어긋나며 형태가 도피침형 또는 타원형이고 4~8
쌍의 갈래가 있는 깃꼴로 깊게 갈라진다. 잎 뒷면은 흰 솜털
이 빽빽하게 난다. 5~9월에 꽃이 피며 줄기가 자라면 곧추
서며 높이 60~90㎝로 가지가 갈라지고 거미줄 같은 흰 털
이 있다.

봄에 나는 어린순은 삶아 먹을 때 씹히는 질감이 좋아 나
물로 손색이 없다. 지칭개는 아주 쌉싸름하게 강한 쓴맛이
있어 사람들이 잘 먹지 않으나 이 쓴맛을 좋아하는 사람들

은 겉절이나 장아찌로 먹기도 한다. 쓴맛을 적당히 줄여서 여러 양념과 함께 된장과 고추장에 나물로 무쳐 먹으면 깊은 봄의 산나물 향기를 느낄 수 있다. 지칭개를 깨끗이 씻어서 끓는 물에 넣고 1분 30초 데친 후 찬물에 헹궈서 6~12시간 찬물에 담가두면 쓴맛이 빠진다. 찬물에 나물을 담가두는 시간은 개인이 정하여 쓴맛을 조절할 수 있다.

지칭개에는 항산화 작용 성분 헤메스텝신 B가 함유되어 있어 활성화 산소 제거에 도움을 주어 암세포 성장을 억제하는 데 도움을 준다. 또한, 지칭개의 실리마린 성분은 몸속에 생기는 결석을 분해하고 배출하는 데도 도움을 준다.

산나물

참쑥

쑥

산 들머리에 오르다 보면 아줌마들이 길가에 소복히 솟아
난 쑥을 뜯는 것을 자주 본다. 쑥은 볕이 잘드는 개방된 양
지 어디서나 잘 자라서 산길이나 능선 등에서 흔히 볼 수 있
다. 쑥을 보면 옛날 어릴 적에 어머니가 만들어준 쑥떡이 생
각날 정도로 모든 이에게 친숙한 나물이다. 하지만 요즘은
다양한 종류의 채소와 나물들을 마트 등에서 팔고 있으나
쑥을 파는 데가 없다 보니 젊은 사람이나 아이들은 부모가
쑥을 식탁에 올리지 않아서 잘 모르는 나물이 되어버렸다.

국화과(Compositae) 여러해살이 들풀인 쑥은 줄기잎이
어긋나게 자라며 길이 6~12㎝, 너비 4~8㎝의 타원형으로

서 깃 모양으로 깊게 갈라진다. 갈라진 작은 잎은 2~4쌍인데 긴 타원 모양의 댓잎피침형이고 위로 올라 갈수록 잎이 작아지며 갈라진 조각의 수도 줄어 단순한 잎으로 된다. 쑥은 한번 보면 쉽게 구분되는데 참쑥이나 인진쑥 등 종류가 많고 모양이 각각 달라서 잘 구분이 안되는 경우도 있지만 쑥을 뜯어서 향을 맡아보면 독특한 쑥향 때문에 쉽게 알 수 있다.

쑥은 빠르게 잘 자라나기 때문에 밭을 경작하다가 방치하게 되면 수년 내에 쑥이 우거져 '쑥대밭'이 되어 버린다. '쑥대밭'이란 말은 잘 사용되던 특정한 형태의 건물이나 구조물 등이 못쓰게 되어버렸다고 하는 의미로 잘 쓰는 용어인데 이는 쑥의 생태적 특성을 잘 보여주는 우리말이다. 쑥은 여러해살이로 땅속 뿌리줄기 마디에서 새순이 '쑥쑥' 돋아나며, 이른 봄날 일제히 '쑥쑥' 돋아나는 형상과 생태 그리고 그 효용성에서 '쑥'의 이름이 기원한다.

쑥은 이른 봄, 음력 삼월 삼짇날이나 오월 단옷날에 잎을 채취를 해 여러가지 귀한 용도로 쓰이는 들풀이다. 삼국유사의 고조선 단군설화에도 나오는 쑥은 동서양을 막론하고 인류에게 약용이나 식용으로 이용된 역사가 아주 오래며, 향기 나는 허브자원이다. 쑥에는 무기질과 비타민의 함량이 많으며 특히 비타민 A와 C가 많이 들어 있는 건강식품이다.

산이나 들에 다니면서 흔히 볼 수 있는 참쑥은 깊이 갈라진 잎이 어긋나게 자라며 잎 뒷면이 하얀 선모로 덮여있다. 참쑥은 이른 봄 어린 싹을 캐어 쌀가루와 섞어 쑥떡을 해 먹거나 나물로 무쳐 먹는다. 쓰고 떫은 맛을 지니고 있으므로 데쳐서 잘 우려내야 한다. 쑥떡을 만들 때에는 쑥을 잘 씻어서 말린 것을 절구로 잘 짓찧은 쌀가루와 고루 섞어서 쪄서 만든다. 튀김에는 늦봄의 다 자란 줄기 끝의 쑥잎을 사용한다.

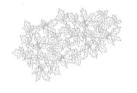

인진쑥

인진쑥은 눈이 내리는 한겨울에도 죽지 않는다고 해서 사철쑥이라고 한다. 인진쑥은 참쑥과 비슷하나 잎이 가늘고 줄기는 쑥보다 더 크게 자란다. 인진쑥은 약재로 많이 쓰는데 간경변증, 간암, 간열, 간염, 간장암, 관절염, 급성간염, 두통, 만성간염, 소염, 발한, 비체, 소염, 안질, 위장염, 유방암, 이뇨, 일체안병, 자한, 제습, 지방간, 췌장염, 타박상, 풍습, 피부소양증, 피부암, 학질, 해열, 황달, B형간염 등에 약효가 있다고 한다.

약재로 쓰는 쑥은 예로부터 5월 단오에 채취하여 말린 것이 가장 효과가 크다고 한다. 말린 쑥잎을 애엽(艾葉)이라

하며, 약으로 쓸 때는 탕으로 하거나 생즙을 내어 사용하며 쑥뜸을 뜰 때도 사용한다. 쑥을 잘 씻어서 물기를 없앤 후 30도 소주에 넣어 술을 담가 1년 정도 숙성한 다음 마시면 쑥향이 그윽하고 좋으며, 오래 묵힐수록 향이 진해지고 맛이 순해진다. 그러나 남자가 장기간 복용하면 양기가 줄어든다고 전해진다.

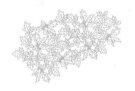

산나물

민들레

　민들레는 일편단심이라는 뜻이 있다. 민들레는 생명력이 강해 겨울에 잎과 줄기는 죽지만 이듬해 다시 살아나는 마치 밟아도 다시 꿋꿋하게 일어나는 백성과 같고 민초(民草)라 불려서 일편단심 민들레라고 한다.

　민들레는 국화과에 속한 여러해살이풀로 우리나라 각처의 산과 들에서 흔히 볼 수 있다. 생육환경은 반그늘이나 양지에서 토양의 비옥도에 관계없이 자란다. 줄기없이 잎이 뿌리에서 나와 뭉쳐서 옆으로 퍼지며 자란다. 잎은 거꾸로 된 삼각형으로 깊이 패어 들어간 모양이며 길이가 6~15㎝, 폭이 1.2~5㎝이며 가장자리에 톱니가 있고 털이 약간 있다.

꽃은 노란색과 흰색으로 지름이 3~7㎝이고, 잎과 같은 길이의 꽃줄기 위에 달린다. 열매는 6~7월경 검은색 종자로 은색 갓털이 붙어 있다. 서양 민들레와 우리나라 토종 민들레의 차이는 꽃 색깔과 꽃받침에서 알 수 있다. 우리나라의 자생 민들레는 꽃이 흰색이고 꽃받침이 그대로 있지만 서양 민들레는 꽃이 노란색이고 꽃받침이 아래로 처져 있어 쉽게 구분할 수 있다. 민들레는 뿌리가 굵고 길며 생명력이 강하여 야생에서 잘 자라는 식물이다.

봄부터 여름 사이 꽃이 필 때 민들레를 뿌리째 캐서 물에 씻어 햇볕에 말려 약으로 사용한다. 민들레는 열을 내리고 독을 풀어주며 염증을 제거하고 이뇨작용에 효과가 있다. 민간에서는 꽃, 잎, 줄기, 뿌리 등을 달여서 신경통의 치료약으로 먹는다. 특히 민들레의 쓴맛은 위와 심장을 튼튼하게 하고 위염이나 위궤양 치료에 효과적이라고 알려져 있다. 옛날 민간에서는 젖을 빨리 분비하게 하는 약재로도 사용하였다.

봄철 꽃이 필 때쯤 어린잎과 뿌리를 캐서 나물로 먹는다. 이때 민들레의 쓴맛을 제거하기 위해서는 소금물에 하루 정도 담가서 조리하거나 소금물에 살짝 데쳐서 먹는다. 또한 민들레의 생잎은 깨끗이 씻어 쌈을 싸 먹거나 생즙을 내어 먹어도 좋다. 민들레의 뿌리는 가을이나 봄에 캐서 된장에 박아두었다가 장아찌나 김치를 담가 만들어 먹는다.

씀바귀

　상추의 효능으로는 비타민과 무기질이 풍부해 천연 강장 제라고 우리에게 잘 알려져 있다. 비타민과 미네랄이 풍부 해 천연 강장제 역할을 하는 상추는 신진대사를 돕고 몸의 긴장을 완화시켜 피로 회복에 좋다. '맛이 쓴 상추'라 불리 는 씀바귀는 여러해살이로 길이가 4~9㎝의 줄기가 가늘 고 바로 서서 자라며, 줄기에는 톱니 형태의 긴 타원형 잎 이 있으며 여러 개의 줄기와 잎이 모여 자라는데 크기가 25~50㎝ 정도이다. 식물체에 상처가 나면 흰 즙(乳液)이 나며, 여러 해 동안 살아가면서 땅속에 굵은 뿌리가 발달 한다.

씀바귀는 들판, 밭, 논두렁 등 어디서나 볼 수 있는 대표적인 봄나물이다. 씀바귀의 어린 싹이 겨울에 난다고 해서 '유동'이라고도 하고, '고채', '씸배나물', '싸랑부리'라고도 한다. 씀바귀는 동의보감에서 '고채(苦菜)'라 하여 피를 맑게 하고 눈을 밝게 하며 악창을 낫게 하며 몸 안의 열을 내리는 효능이 있다고 한다. 이름에서 알 수 있듯이 독특한 쓴맛은 입맛을 되살아나게 하는 매력이 있다. "이른 봄 씀바귀를 먹으면 그 해 여름 더위를 타지 않는다"라는 옛 말이 있을 정도로 씀바귀는 우리의 선조들로부터 약효를 인정받은 나물이다.

입에 쓴 약이 몸에도 좋다는 말도 있듯이 씀바귀에는 항산화 효과를 지닌 시나로사이드(synaroside), 면역 증진과 항암효과가 뛰어난 알리파틱(aliphatics), 면역 증진 물질로 알려진 트리테르페노이(triterpenoids) 등의 성분들이 함유되어 있다. 쓴맛을 나타내는 트리테르페노이드 triterpenoids)는 신체의 면역을 담당하는 T-세포를 증대시켜 체내의 면역세포가 암세포를 죽이는 효능을 발휘하도록 유도하여 인체의 면역력을 증진시켜 질병에 대한 치유력을 높이는 작용을 한다.

뛰어난 항산화 작용으로 암을 예방하는데 먹는 비타민E 성분의 토코페롤에 비해 씀바귀는 항산화 효과가 무려 14배나 뛰어나다고 한다. 일반적으로 유해한 박테리아는 파

상풍, 콜레라, 결핵 등을 일으킬 수도 있는 세균이다. 그런데 씀바귀에는 이런 박테리아를 없애는 놀라운 효과가 있는 것으로 알려져 있다. 그래서 씀바귀는 위장을 튼튼하게 하고 소화기능을 도와 봄철에 나른한 몸을 보양하는데 큰 도움을 주는 특별한 건강식품이다.

씀바귀는 쓴맛 때문에 주로 데쳐서 나물로 먹는데, 씀바귀의 쓴맛을 나타내는 알리파틱 성분과 시나로사이드는 열이나 빛에 비교적 안정(安定)하기 때문에 쓴맛 제거를 위해 가열하여도 비교적 안전하다. 그러나 씀바귀에 있는 비타민 성분들은 열에 약하므로 조리 전에 끓는 소금물에 살짝 데친 다음 찬물에 담가 쓴맛을 우려내면 비타민 성분의 손실도 줄이고 쓴맛도 감소시킬 수 있다.

고들빼기

　씀바귀와 비슷한 것으로 고들빼기라는 것이 있는데 많은 사람들이 고들빼기와 씀바귀를 혼동한다. 고들빼기도 산나물의 일종으로 맛이 매우 쓴데 무더운 여름날 특유의 쓴맛이 입맛을 돋우어 준다. 씀바귀는 잎이 길고 타원형인데 고들빼기는 잎이 넓고 잎중간이 깊이 파져 있어 구별할 수 있다. 영양가 측면에서 씀바귀가 고들빼기보다 훨씬 고급 산나물로 취급되고 있다.

산나물

머위

산을 오르다가 중턱쯤에서 산을 바라다보고 좀 쉬고 싶은 생각이 날 때쯤 산속의 절이 보인다. 절 구경도 하고 쉬고 싶은 마음이 들어 발걸음을 절을 향해 옮기다 보면 절 돌담 주변에 소복하게 자라난 머위를 볼 수 있다. 오랜 세월이 흘렀음을 보여주고 있는 석축이나 이끼 낀 돌담 주위에는 대개 머위가 자라고 있다. 아마도 채식을 하는 스님과 불자들 때문에 절 주변에 머위를 많이 심었던 것 같다.

머위는 본래 산지 습기 있는 곳에서 자라는 산나물이다. 그런데 요즘에는 산보다 논·밭둑이나 집 근처에서 자주 눈에 띈다. 토질과 기후를 까다롭게 가리지 않는 데다 손바닥만

한 땅에서도 잘 자라므로 재배 면적이 늘고 있기 때문이다.

머위는 사계절 싱싱한 채로 먹을 수 있는 것이 장점이며 잎이 쓴맛이 나기 때문에 끓는 물에 데치면 쓴맛이 빠져서 쌈밥 재료 등으로 이용할 수 있다. 머위를 나물로 먹는 다양한 요리법이 전해지고 있는데 삶아 아린 맛을 우려낸 다음 쌈을 싸 먹거나 무쳐 먹는다. 잎은 쓴맛이 강해 이른 봄에 나는 여린 것만 먹을 수 있다. 주로 먹는 잎줄기는 살짝 데치면 랩같이 얇은 껍질이 잘 벗겨져 쌈으로 먹기 좋으며 된장 무침, 조림 등으로 다양하게 이용할 수 있다.

머위는 알칼리성 식품으로 100g당 칼로리는 27㎉에 불과하지만 탄수화물 5.5g, 단백질 3.5g, 회분 1.7g, 섬유소 1.2g으로 다른 채소에 비해 섬유소가 풍부하다. 이외에 칼륨 550㎎, 칼슘 88㎎, 인 68㎎, 나트륨 18㎎, 철 2.6㎎, 비타민A의 레티놀 754㎍, 베타카로틴 4522㎍, 비타민C 28㎍, 나이아신 1.5㎎ 등이 있는 건강 식품이다.

머위는 특별히 영양가가 높은 것은 아니지만 칼슘·인·아스코르빈산 등 무기 염류가 많아서 특히 봄에 먹으면 몸이 나른하고 늘어지는 것을 예방하는 데 도움이 된다. 꽃봉오리에는 쓴맛을 내는 페차시딘·이소페타시틴·쿠에르세틴·캠페롤이, 잎에는 플라보노이드·트리테르펜·사포닌 등의 성분이 있다.

나물로 즐겨 먹는 머위 잎자루는 길이 40~65㎝, 굵기 1㎝

머위

정도로 녹색 또는 연한 자주색을 띤다. 꽃이 먼저 피는데 화려하지도 않고 꽃다운 자태도 없고 땅에 바짝 붙어서 핀다. 꽃이 가득 피어서 한 덩어리로 이루면 꽃인지 잎인지 구분이 잘 안 되지만 분명히 꽃이다. 꽃이 질 무렵이면 꽃자루는 듬성듬성 나기 시작하여 이내 마구 올라와 주변 땅을 덮고 무릎 높이까지 잘 자란다.

머위가 꽃을 피우면 꽃송이를 따서 술을 담그거나 찹쌀을 묻혀 튀겨 먹어도 좋고 된장에 묻어 두었다가 먹어도 맛있다. 차로 끓여 마시기도 하는데 물에 살짝 헹구고 70% 정도 말린 뒤 30~40초 살짝 쪄서 3~7일간 말린다. 말린 꽃봉오리 7~8송이를 거름망이 있는 찻잔에 담고 80~90℃ 뜨거운 물을 부어 1~2분간 우려내 마시면 향이 오묘하고 맛이 부드럽다.

머위는 예부터 나물보다 약재로 먼저 이용됐으며 약명으로 봉두채(蜂斗菜), 봉두근(蜂斗根), 사두초(蛇頭草) 등으로 불렸다. 주로 뿌리줄기가 생약으로 쓰였는데 해독을 비롯해 부은 종기나 상처 치료, 통증 멈춤 효과 등이 있는 것으로 알려졌다. 또한 머위 꽃을 관동(款冬)이라 하여 현기증, 기관지 천식, 인후염, 편도선염, 축농증, 진통, 다래끼 또는 벌레나 뱀에 물린 상처를 치료하는 약재로 사용했다고 한다.

고사리

　고사리에 얽힌 이야기로 중국의 춘추시대에 백이(伯夷)·숙제(叔齊)라는 현인이 주나라 곡식을 먹지 않는 것이 의로운 일이라 여기고 수양산에 숨어 지내며 고사리를 먹고 살았다는 유명한 이야기가 있다. 고사리는 고사리속(Pteridium)에 속한 양치류의 총칭으로서 전 세계적으로 가장 널리 퍼져 있는데 고생대 때부터 살아온 다년생 식물이다. 4~5월경 산을 타고 올라가다 보면 능선 길가나 숲속 볕이 잘 드는 장소에 길이가 20~80㎝크기로 군락을 이루며 자라는 것을 볼 수 있다.

　어린잎이 돋아나 꼬불꼬불하게 말리고 흰 솜털과 같은 털에 싸여 있으며 잎자루가 길고 곧게 선다. 약간 굵고 기다란 잎자루가 위로 가면서 가느다란 줄기 끝에 보통 세 가닥의 겹잎이 말려져 어린이 주먹같은 형태로 보여지기 때문에 일반 풀잎과 쉽게 구별할 수 있다. 잎이 말려있는 어린잎의 줄기 밑동이를 따서 식용으로 먹는다. 고사리는 빨리 자라기 때문에 잎이 삼각형으로 넓게 펴지면 식용으로 먹지 않는다.

우리나라에서는 예로부터 고사리를 나물로 많이 먹었기 때문에 고사리는 제사음식에도 빠질 수 없는 존재가 되어 있다. 고사리는 섬유질이 많고, 캐로틴과 비타민C를 약간 함유하고 있으며, 비타민B2는 날것 100g에 0.3mg 정도 함유하고 있다. 뿌리줄기는 궐근이라고 하는데 식용·약용으로 이용되며 뿌리 100g에는 칼슘이 592mg이나 함유되어 있어서 칼슘을 보충할 수 있는 좋은 산채라 할 수 있다.

고사리 잎에는 비타민B1 분해효소(아노이리나제)가 있어서 날것을 먹으면 비타민B1이 파괴되므로 살짝 데쳐서 오랜 시간 물에 담가 우려내면 비타민B1 분해효소가 파괴되고 쓴맛도 빠져나온다.《본초강목》에서도 어린 고사리를 회탕(灰湯)으로 삶아 물을 버리고 햇볕에 말려 나물을 만든다고 하였다.

씹을수록 고소한 맛이 나는 고사리 나물은 적당한 양의 고

사리를 끓는 물에 넣고 데친다. 삶은 고사리를 체에 밭쳐 찬
물에 헹군 후 물기를 꼭 짠 다음 억센 줄기는 제거하고 적당
한 길이로 썬다. 삶은 고사리에 갖은 양념 재료를 넣고 조물
조물 무친다. 프라이팬에 식용유를 두르고 고사리를 넣어
볶은 후에 깨소금을 골고루 뿌려서 그릇에 담아 먹는다.

두릅

　두릅은 두릅나무순이라고도 하는데 가시가 많이 있는 두
릅나무 가지 끝에 머리처럼 달린 어린 순이다. 두릅나무과
(Araliaceae)에 속하는 두릅나무는 산속 양지바른 숲가나
산기슭, 골짜기에 작은 군락을 이루며 자란다. 쌉싸래한 두
릅 특유의 향과 맛이 나는 두릅나물은 여러 가지 산나물 중
에서 가장 인기가 있어 산나물의 왕이라 부를 정도로 봄이

되면 가장 먼저 사람들의 입맛을 사로잡는다. 두릅나물이 이렇게 인기가 있는 것은 해마다 그 맛을 잊지 않고 찾는 사람이 많기 때문이다.

두릅나물을 채취하기 위해서는 채취 시기를 잘 알아야 하고 또 발품을 들여야 한다. 두릅나무는 표고 100∼1,600m 높이의 산에 자라므로 온 산을 헤집고 다녀야 먹을 만큼 채취할 수 있다. 그러나 두릅나무를 찾다보면 두릅나무 군락지를 발견하는 경우가 있다. 그래서 아무리 친한 사이라 해도 두릅나무가 자라는 곳을 잘 가르쳐주지 않는다. 알고 있는 군락지를 다른 사람이 먼저 채취하고 나면 그 뒤에 찾아간 사람은 허탕을 치기 때문에 두릅나무가 자라는 산을 함부로 발설하지 않는 것이 산나물꾼들 사이에 불문율처럼 돼 있다.

두릅을 잘 채취하기 위해서는 자신만이 알고 있는 깊은 산속의 두릅 군락지를 몇 군데 알고 있어야 봄 한철 산두릅 맛을 즐길 수 있다. 산을 오르다 깊은 산속 양지바른 숲속을 유심히 살펴보면 두릅나무가 눈에 띈다. 새순은 나뭇가지 끝에 달리는 데다 같은 나무라 해도 한꺼번에 올라오지 않고 순차적으로 나기 때문에 한 그루에서 채취할 수 있는 양은 그다지 많지 않다. 나무 전체에 가시가 촘촘히 나 있어

새순 첫 두릅 　　　　　　　　　 새순 채취 후 두번째 두릅

새순을 따다 보면 가시에 찔리기 쉽다.

두릅은 우리나라 중부 이북 지방의 깊은 산에서 많이 난다. 자갈 같이 잔돌이 많아 물 빠짐이 좋은 약간 비탈진 곳에서 잘 자란다. 평평한 땅보다 약간 비탈진 곳을 좋아하는 것은 물 빠짐이 좋은 토질을 좋아하는 특성 때문으로 짐작된다. 수령이 4년 이상 되어야 새순이 많이 난다. 산에서 자라지만 아주 높은 산에서는 자라지 않는다. 하지만 낮은 산에서 자라는 새순은 품질이 떨어지며 나무는 잘 말라 죽는다.

두릅은 봄부터 초여름까지 새순이 나오는데 보통 4월 중순에서 5월 초까지 나뭇가지에 한두 개의 새순이 나오고 그 이후는 두릅순이 크고 억세져서 일반적으로 먹지를 않는다. 두릅나무에 첫 번째로 나는 새순은 몸통이 굵고 잎이 작아서 매우 부드러운데 이것을 따고 난 후에도 두 번째로 새순이 나오는데 향과 맛은 좋으나 조금 억세므로 껍질을 벗겨서 데쳐 먹는 것이 좋다.

두릅이 나겠다 싶어 달려가 보면 아직 새순이 나오지 않았고, 어찌하다 좀 늦으면 맛 좋은 맏물은 누가 먼저 채취한 바람에 흔적조차 없이 가지 위에 따간 자국만 보게 된다. 높은 산이나 낮은 산에 따라 적절한 채취시기가 약간 달라질 수 있다. 그래서 두릅은 웬만큼 부지런하지 않고서는 맛볼 수 없는 귀한 산나물이다.

두릅은 끓는 물에 살짝 데치면 연녹색이 더욱 산뜻하게 보기가 좋아 접시에 올려 놓으면 눈맛까지 더하는 매력이 있다. 초고추장에 살짝 찍어서 입에 넣으면 또한 씹히는 맛과 향은 여느 산나물과는 다른 느낌이 있어 한 번 맛보면 해마다 잊지 않고 찾게 된다. 특히 산에서 채취한 두릅은 일반 마트에서 파는 두릅 농장이나 밭에서 대량으로 재배한 두릅과는 확실하게 구분될 정도로 향이 진하고 맛도 특별하다.

두릅은 단백질, 칼슘, 비타민C가 풍부하다. 해열, 강장, 건우, 이뇨, 진통, 거담 등의 효능이 있다. 두릅은 일반적으로 살짝 데쳐서 숙회 또는 나물로 먹는데 장아찌로 만들어 먹어도 향과 맛이 매우 톡특하여 밥 반찬으로 애용한다.

요즘 등산이나 산을 좋아하는 사람들이 늘어나면서 두릅을 채취하는 사람이 많아졌다. 새순이 올라오기도 전에 채취하기도 하고 심지어는 키가 닿지 않으니까 나무를 톱으로 자르고 새순을 채취하는 사람도 있어 두릅나무가 줄어들고 있다. 두릅나무를 잘 보존하기 위해서는 톱으로 자르는 몰상식한 짓은 하지 말아야 하며 아주 작은 새순은 나무가 잘 자라게끔 따지 않는 미덕도 갖추어야 한다.

산나물

다래나무순

다래나무(다래넝쿨)는 다년생 나무로 산의 음지 계곡 주변에 넝쿨 형태로 자란다. 다래나무 가지에 나는 잎을 다래나무순이라고 부르는데 약간 기다란 부채같은 조그만 잎이 나뭇가지에서 6~12㎝ 정도의 간격으로 3~8㎝ 길이로 대여섯개 잎이 1장씩 어긋나게 포개서 자란다. 잎 앞면은 윤기가 있고 잎 가장자리에는 바늘같은 톱니가 있다. 4~5월에 잎이 무성하게 자라며 이때 부드러운 잎순을 따서 나물로 먹는다.

꽃은 5월에 마주 보듯이 갈라진 꽃대 끝에 연갈색 빛이 도는 흰색으로 핀다. 다래나무 열매는 머루와 함께 대표적인 야생과일로서 9~10월에 손가락 굵기 정도의 둥근 열매가 나며 빛깔은 푸르고 단맛이 강하다. 열매는 바로 먹기도 하지만 술로 담가서 먹기도 한다.

다래나무순은 다래나무의 높이가 낮아 따기 쉽고 나무 하나에서 다량으로 채취할 수 있어 매우 인기있는 산나물이다. 봄에 다래나무순 어린잎을 삶아서 나물로 먹는데 연하면서도 달고 향긋한 맛있는 산나물이라 봄철 입맛을 살린다. 나물은 소금을 좀 넣고 살짝 데친 어린잎을 찬물에 서너번 헹군 후 물기를 짠 다음 갖은 양념을 넣어서 무쳐서 먹는다.

다래나무순 나물을 한번이라도 먹어본 사람들은 그 맛을 쉽게 잊지 못한다. 또한 삶아서 말려두고 묵나물로도 먹는다. 바짝 마른 다래순을 다시 살짝 삶아 물에 불려서 몇 번 헹구어 물기를 쪽 짜낸 다음 양념을 넣고 팬을 달구어 기름에 볶아내면 향기가 그대로 살아 있어 봄철에 먹는 것과 같은 맛과 향이 난다.

잎과 줄기에는 비타민과 유기산, 당분, 단백질, 인, 나트륨, 칼륨, 마그네슘, 칼슘, 철분, 카로틴, 사포닌 등이 풍부하고, 비타민 C가 풍부하여 항암식품으로 인정받고 있다.

여러 가지 약리작용을 하는 성분이 있어 피로를 풀어주고, 열을 내리고 갈증을 멈추게 하며 이뇨작용도 한다. 만성간염이나 간경화증으로 황달이 나타날 때, 구토가 나거나 소화불량일 때도 좋다. 특히 위암을 예방하고 개선하는 데 효과가 있다.

© '국립생물자원관

산나물

엉겅퀴

산 입구의 길이나 들의 햇볕이 잘 드는 곳에 흔하게 볼 수 있는 여러해살이풀이다. 줄기는 곧추서며 높이 50~100㎝다. 처음에 줄기 아래쪽에 털이 나지만 없어지고, 위쪽에 거미줄 같은 털이 난다. 뿌리잎은 모여서 나며, 줄기잎은 길이 15~30㎝ 폭 4~8㎝로서 어긋나게 긴 타원형이며 깃꼴로 깊게 갈라지며 잎 가장자리에 난 가시의 길이가 1~4mm 정도이다. 꽃은 6~8월에 지름 2.5~3.5㎝ 크기로 줄기와 가지 끝에 피는데 붉은 보라색 또는 드물게 흰색이다.

엉겅퀴는 대략 15종류가 있는데 잎이 좁고 녹색이며 가시가 다소 많은 좁은잎엉겅퀴, 잎이 다닥다닥 달리고 보다 가시가 많은 가시엉겅퀴, 흰 꽃이 피는 흰가시엉겅퀴 등이 있

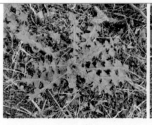

| 엉겅퀴 | 엉겅퀴와 유사한 방가지똥 |

다. 엉겅퀴의 줄기와 잎에 난 가시는 동물로부터 줄기와 잎을 보호하기 위한 것이다.

엉겅퀴에는 플라보노이드, 정유, 알카로이드, 수지, 이눌린과 피를 맑게 하는 베타아말린 등의 성분이 있어 고혈압, 간경화, 당뇨병, 항암, 혈액순환 등에 현저한 효과가 있다. 또한 실리마린은 간세포의 회복과 신진대사를 촉진시켜주고 독성으로부터 간세포를 보호해주는 성분이 있어 약용으로도 이용된다. 어린잎은 나물로 먹고 성숙한 뿌리는 약용으로 사용하며 술도 담근다.

3~4월에 가시있는 어린잎을 뜯어서 나물로 먹는데 잎을 뜯으면 하얀 점액질이 나온다. 엉겅퀴는 가시있는 거친 모양과는 달리 독특한 향과 씹는 질감이 좋아서 봄나물로 아주 좋지만 떫은 맛이 있어 잘 우려내야 한다. 어린 잎을 살짝 데쳐서 숙회로 먹거나 나물로 무쳐 먹기도 하고 말려서 묵나물로도 먹는다. 간장과 식초 등으로 절여서 장아찌를 만들기도 한다. 엉겅퀴에 들어있는 플라보노이드라는 성분이 지방간을 개선시키고 알코올을 분해해주는 기능이 있어 술자리가 잦은 분들은 엉겅퀴 나물을 먹는 것이 좋다.

산나물

망초대

망초대는 국화과의 두해살이풀로 전국 각지에 퍼져 있는데 양지바른 풀밭이나 밭과 길가 등에서 흔히 볼 수 있으며 번식력이 강해 밭에 나면 온 밭을 잠식해 농부들은 아주 귀찮은 존재로 여겨서 개망초라고도 불린다. 줄기대에 붙어 있는 잎은 주걱 모양에 가장자리는 거친 톱니와 같은 상태로 갈라지며 좁은 간격으로 서로 어긋나게 자라며 작고 거친 털이 나 있는 줄기대는 곧게 자라 높이 1.5m까지도 자란다. 일반인은 먹지 못하는 풀로 알고 있지만 꽃이 피기 전 3~4월의 연한 순을 뜯어 데쳐서 우려낸 다음 나물로 무쳐 먹는다. 쌉싸름한 맛과 단맛이 함께 난다. 말려서 묵나물로 해서 먹어도 된다.

  망초대 줄기와 잎에 혈당을 내려주는 성분이 있고, 독을 풀어주고 열을 내려주며 소화 불량, 복통과 설사에도 효과가 있다. 특히 염증 질환을 예방하고 완화시켜 구내염, 중이염, 결막염에 효과가 있다. 망초대 아피계닌 성분은 강력한 항산화작용으로 암세포 증식 억제와 예방에도 도움이 되며, 혈전 생성을 억제하고 혈관을 깨끗하게 해서 혈액순환을 돕고 혈관 벽을 튼튼하게 해주어서 동맥경화 예방에 도움이 된다.

망초대

둥굴레

백합과에 속하는 다년생 식물로 전국적으로 분포하고 산이나 들에서 자란다. 높이는 30~60㎝ 정도로 땅속줄기가 옆으로 뻗으며 자라고 줄기는 6개의 모가 지며, 잎은 어긋나 있으며 타원형에 길이 5~10㎝이고 너비 2~5㎝로 윗면은 짙은 녹색이다. 꽃은 여름철에 흰 종모양으로 1~2개씩 잎겨드랑이에 매달린다.

봄에 어린순과 줄기는 식용하는데 씹히는 감촉이 좋고 단맛이 있어 데쳐서 나물로 먹거나 쌈으로 먹기도 한다. 뿌리는 쪄서 먹거나 장아찌, 튀김, 조림, 볶음으로 먹는다.

둥굴레에 들어 있는 트립토판이라는 성분이 신상을 완화하는 작용이 있기 때문에 둥굴레차를 복용하면 불면증과

둥굴레 뿌리

산나물

스트레스나 신경과민 등에 효과가 있다. 둥굴레차에 함유된 항산화 성분이 노화촉진의 원인이 되는 활성산소를 체내에서 억제하는 작용을 한다. 따라서 체내에 축적된 독소를 배출하여 피부를 개선시켜 주고 기미나 주근깨 등 피부질환 예방에도 효과적이다. 둥굴레차는 신진대사를 활발하게 하고 혈액순환을 촉진시키고 혈당과 혈압을 낮추는 작용이 있으며 인슐린 분비를 촉진시켜 당뇨를 개선하고 예방에도 좋다. 또한 사포닌이 풍부하게 포함되어 있기 때문에 기력 회복과 면역력 향상에 효과가 있으며, 특히 기력이 떨어질 때나 극심한 만성피로일 때 효능을 볼 수 있다.

참나물

참나물은 미나리과에 속하는 여러해살이풀로 전국적으로 분포하며 산지의 나무 그늘에서 자란다. 곧게 자라는 원줄기는 높이 50~80㎝ 정도까지 자라며 가지가 갈라진다. 줄기에 나는 잎은 3개로 3개의 잎이 한줄기에 붙어서 전체적으로 삼각형을 만들고 각각의 잎이 줄기에 붙은 쪽은 넓고 잎끝으로 길게 모아져서 끝이 뾰족해진다. 잎 가장자리는 톱니형태이다.

줄기에 잎이 세 개씩 붙어있다고 해서 삼엽채라고도 불리는데 7~9월에 개화하며 꽃은 백색이고 열매는 편평한 타원형으로 털이 없다. 참나물은 향채(香菜)의 하나로서 미나리와 샐러리의 향기를 합친 듯한 상쾌하면서도 독특한 향과 맛이 있어 봄철에 사람들이 가장 많이 찾는 산나물이다.

이른 봄에 4~5㎝ 정도 자란 연한 잎을 잎자루와 함께 생으로 쌈이나 샐러드를 해서 먹거나 데쳐서 나물로 먹는다. 겉절이로 무쳐 먹거나 전에 넣어먹기도 한다. 무칠 때는 끓는 물에 넣고 나무주걱으로 한 번 휘젓는다는 느낌으로 살짝 데치는 것이 좋고 곧바로 냉수로 헹궈내야 씹는 맛이 좋다.

채소 중에서도 유독 베타카로틴이 풍부한 참나물은 안구건조증을 예방하고, 뇌의 활동을 활성화해 치매 예방에도 좋다. 또한 간 기능향상, 풍부한 섬유질로 인한 변비 예방에도 탁월하다. 참나물은 예로부터 고혈압과 중풍을 예방하고 신경통과 대하증에 좋다고 알려져 있다.

또한 지혈제와 해열제로 이용되며 여름에 다 자란 참나물을 뜯어 말려 항알레르기 약으로 쓰기도 하는 약용식물이다. 비타민과 철분, 칼슘, 카로틴의 함유량이 높아 어린이와 여성의 건강 미용 채소로도 인기가 높다. 최근에는 발암물질의 활동을 억제하는 효과도 있다고 한다.

참나물

산나물

전호(생치나물)

전호는 여러해살이풀로서 북한에서는 생치나물이라고 하는데 전국적으로 분포하며 산기슭, 구릉지대, 들판, 강기슭 등 습한 곳에 군락을 이루어 자생한다. 뿌리를 전호(前胡)라고 하는데 굵고 원줄기는 높이 70~140㎝ 정도 자라며 가지가 많이 갈라진다.

잎자루가 길고 잘게 갈라진 고추 형태의 녹색 잎이 좌우로 줄기에 붙어서 위로 올라가며 잎이 작아지고 끝에 잎이 하나가 붙어 있어 전체적으로 여러 개의 갈라진 잎들이 삼각형을 만든다. 전호를 채취하여 냄새를 맡아 보면 미나리과 특유의 상큼한 향기가 퍼진다.

　봄에 어린잎이 약 20㎝ 자랐을 때 채취해서 데쳐서 나물로 무쳐 먹거나 국이나 찌개에 넣어 먹는다. 전호는 약용식물로 알려져 있는데 대표적인 효능은 기침을 멈추게 하고 가래를 삭혀준다. 뿌리와 줄기 잎까지 전체를 약용으로 사용하기 때문에 버릴 것이 없는 나물이다. 전호에는 칼슘, 칼륨, 비타민C가 다량 함유되어 있어 콜레스테롤 수치를 낮추고 피를 맑게 해주며 성인병을 예방하는 데도 좋은 효과가 있다고 한다.

산나물

더덕

더덕은 우리나라가 원산지이며 여러해살이 넝쿨풀로서
사삼(沙蔘), 백삼(白蔘), 노삼(奴蔘), 사엽삼(四葉蔘) 또는 '산
삼의 사촌'이라고도 불린다. 더덕의 넝쿨은 2m 이상까지
왼쪽 또는 오른쪽으로 감아 올라가며 뻗어나가는 줄기에
잎이 어긋나 있는데 짧은 가지 끝에서는 4개의 잎이 서로
붙어서 펼쳐 있다. 잎의 길이 3~10㎝, 너비 1.5~4㎝의 긴
타원형이며 양끝이 좁고 가장자리가 밋밋하고 앞면은 녹
색, 뒷면은 분백색을 띠며 털은 없다.

8~9월에 짧은 가지 끝에서 자주색 꽃이 넓적한 종 모양으

더덕줄기와 뿌리

로 밑을 향해 달려 핀다. 꽃부리는 길이 2.5~3.5㎝이며 끝
이 5갈래로 갈라져 뒤로 말리는데 자주색이지만 겉은 연한
녹색이고 꽃받침은 끝이 뾰족하게 5개로 갈라지는데 녹색
에다 크기는 길이 2~2.5㎝, 나비 6~10mm이다. 열매는 9
월에 삭과가 원뿔형으로 달려 익는다.

　뿌리는 도라지처럼 굵으며 더덕 특유의 독특한 냄새가 나
는데 더덕 넝쿨을 건드리기만 해도 더덕 냄새가 풍겨서 쉽
게 알 수 있다. 넝쿨은 대개 털이 없고 줄기와 뿌리를 자르
면 하얀 유즙이 나온다.

　더덕의 어린잎은 나물이나 쌈으로 먹고 뿌리는 날것으로
먹거나 구워 먹거나 장아찌를 만든다. 더덕의 약효는 가래
삭임 작용, 기침 멎는 작용, 피로회복 촉진 작용, 핏속 콜레
스테롤 낮춤 작용, 혈당 높임 작용, 혈압 낮춤 작용, 호흡 흥
분 작용 등이 약리 실험에서 밝혀졌다. 약으로 쓸 때는 탕으
로 하거나 산제 또는 환제로 사용하며 하루 6~12g을 달임
약으로 먹고 외용약으로 쓸 때는 짓찧어 붙인다. 더덕주는
향이 좋아서 애주가들이 많이 담그는데 약 30도 정도의 소
주에 담가서 음용한다.

쇠뜨기

쇠뜨기는 뱀밥이라고도 불리우는 여러해살이풀로서 우리나라 전역의 산과 들, 시냇가, 논두렁이나 밭둑 양지바른 곳에 아주 흔하게 자란다. 이른 봄에 쇠뜨기의 포자체를 만드는 생식줄기는 쇠뜨기보다 먼저 땅속 줄기에서 뻗어 나온다. 마디가 있는 생식줄기 끝에 뱀 대가리 같은 포자낭이삭(뱀밥)을 만들고 생식줄기 마디에는 겉껍질 잎이 돌려나 있다.

뱀밥이 마른 후 영양줄기는 뒤늦게 나오고 높이 30~40㎝ 정도 되며 속이 비어있고 겉에는 능선이 있으며 마디에는 작은 가지와 비늘 같은 잎이 돌려나 있다. 쇠뜨기란 이름은 소가 잘 먹는 풀이라고 하는 데서 붙여졌다고 한다. 민간에서 생식줄기는 나물로 먹는데 마디의 겉껍질을 벗겨서 요리한다. 냄새는 없으며 살짝 데쳐서 무침이나 조림, 튀김 등으로 사용한다.

쇠뜨기 영양줄기는 약재로도 사용하는데 열을 내려주고 소변이 잘 나오게 하는 성질이 있다. 그래서 몸에 열이 많은 사람과 코피, 토혈, 월경과다 등에 지혈약으로 써왔으며, 배설을 촉진하는 이뇨제로도 사용하였다. 또한 여드름 치료 성분인 규산이 풍부해서 지성피부, 피부습진 등에 세정제로 사용한다. 쇠뜨기는 성질이 서늘하기 때문에 몸이 차거나 맥이 약한 사람은 맞지 않으므로 먹지 말아야 한다.

쇠뜨기 영양줄기

산나물 채취 요령

나무들이 울창해서 햇빛 하나 들어오지 않는 숲속에서는 나물도 잘 자라지 못한다. 산나물은 하루 평균 15%의 일조량을 필요로 하고, 고사리는 평균 50% 이상의 일조량을 필요로 하기 때문에 산나물은 바람이 잘 통하고 햇빛이 잘 드는 곳에서 잘 자란다.

햇빛이 잘 비치면서 땅이 누렇거나 검은빛을 띠고 있으면 나물이 자라기 좋은 토양이어서 다양한 나물이 뿌리를 내리고 튼튼하게 자라는 것을 볼 수 있다. 낙엽이 수북하게 쌓여있는 땅은 오히려 씨가 뿌리를 내리기 어려워 나물이 자라기 어렵다. 또한 바위가 여기저기 많이 솟아있어도 산나물이 자라기 어렵고 나무가 듬성듬성 있으면서 약간 경사진 곳에서 산나물이 잘 자란다.

산나물은 채취시기가 아주 중요하다. 가장 좋은 시기는 4~5월이고 오전 10시 이전에 아침 햇살로 잎가에 맺힌 물기를 증발시킨 오전의 잎이 영양가가 높다. 낮에는 생장 활동으로 영양 소모가 일어나기 때문에 잎에 영양 성분이 떨어진다고 약초 전문가들이 말한다.

쾌청한 날이 여러 날 지속된 후에 채취한 산나물에 영양

성분이 많고 흐린 날이나 비 오는 날이 계속되는 시기에 채취한 산나물은 광합성을 제대로 하지 못했기 때문에 영양가가 떨어진다. 좋은 산나물을 채취하기 위해서는 산 좋고 물 좋은 청정지대로 가야 한다. 도시나 공장지대와 접경된 곳의 풀밭에 있는 나물은 각종 오염물질과 산성비로 인해 나물 역시 건강하지 못한 상태로 성장하기 때문에 길가의 나물은 뜯지 않는 것이 좋다.

산나물 중에 독초와 비슷한 것이 많아 잘못하면 산나물인 줄 알고 채취한 것이 독초인 경우도 있다. 가장 좋은 건 확실하게 아는 나물만 채취하는 것이다. 처음 나물을 캘 때는 나물을 잘 아는 사람과 동행을 하는 것이 좋다.

독이 있는 산나물

봄에 솟아나는 풀을 다 먹을 수 있다고 말하는데 독이 들어있는 풀이라도 어린 순은 먹어도 큰 탈이 없다는 뜻이다. 독초를 채취하지 않는 가장 확실한 방법은 아는 나물만 채취하는 것이다. 그러나 산나물과 비슷한 독초를 구별하는 것이 쉽지 않아서 산나물을 캘 때는 나물을 잘 아는 사람과 동행하여 독초를 식별하는 방법을 배우는 것이 좋다.

나물과 독초를 구분하는 가장 쉬운 방법은 냄새를 맡아보는 것이다. 먹을 수 있는 나물은 향긋하지만 독초는 쓴맛이 있어 잎을 따서 혀끝에 살짝 대보면 대체적으로 구별할 수 있다. 식용 나물은 대체로 맛이 담백하고 열매도 단맛이 나는 게 보통이다.

산에서 나물을 채취할 때 흔히 혼동하는 독초가 동의나물인데 곰취와 모양새가 비슷하기 때문이다. 두 식물 모두 습지에서 자라지만 곰취는 높은 산과 그늘진 곳에서 자라며 한여름에 꽃이 피는데 동의나물은 낮은 산과 개울가에서도 자라며 4~5월에 꽃이 핀다.

곰취는 전체적으로 윤기가 있으나 매끄럽지 않지만 동의나물은 잎에 털이 없이 매끄럽고 윤기가 난다.

동의나물

천남성은 다년생 식물로 전국적으로 분포하며 산지의 그 늘진 습지에 토양이 비옥하고 물 빠짐이 좋은 곳에서 잘 자 란다. 키는 20~50㎝이며 구형의 줄기는 겉은 녹색이나 때 로는 자주색의 반점이 있다. 잎자루가 있는 잎에 달리는 소 엽은 7~12개 정도이고 길이 10~20㎝ 정도의 난상 피침형 으로 가장자리에 톱니가 있다.

꽃은 5~7월에 피는데 녹색 바탕에 흰 선이 있고 깔때기 모양으로 가운데 꽃차례 중의 하나인 곤봉과 같은 것이 달 려 있다. 꽃잎 끝은 활처럼 말리는 것이 또한 독특하다. 열 매는 10~11월에 붉은색으로 포도송이처럼 달린다. 열매가 붉은 포도송이 같아서 호기심이 가지만 천남성은 특히 옛날에 사약으로 사용되었던 독초로서 먹으면 구토, 허탈 증세, 심장마비 등이 일어난다.

천남성

천남성 열매

여름 숲속의 요정, 버섯

한 여름이 시작되는 7월에 산에 오르다 보면 숲속의 요정이라고 불리우는 다양한 형태와 색깔의 버섯을 볼 수가 있다. 특히 비온 뒤에 산행길 주변 아름드리 나무의 그루터기에 버섯이 돋아 있으며 낙엽 더미 사이에도 버섯들이 불쑥불쑥 돋아 있다. 등산객 일부는 발로 툭 차거나 지팡이로 건드려 보고 지나기도 하고 일부는 모양이 예쁘고 아름다워서 따서 유심히 관찰하다 버리기도 한다. 이러한 등산객들의 행태를 쉽게 볼 수 있는데, 이는 방송 등 언론 매체에서 여름만 되면 산에서 함부로 버섯을 채취하여 먹지 말라고 독버섯 위험성에 대해 주의를 환기시키기 때문이다.

버섯은 약 1억 3천만 년 전 공룡과 암모나이트가 번성했던 중생대 백악기 초기에 출현한 것으로 추정하고 있다. 버섯이 움직이지 않아 식물 같기도 하지만, 엽록소를 가지고 있지 않아 영양분을 스스로 만들지 못하여 식물이라 할 수 없다. 식물이 만들어 놓은 영양분을 먹고 살지만 움직이지 않아 동물로 분류할 수 없다. 식물도 아니고 동물도 아닌 중간에 있는 제3의 생명체가 균류(菌類)인데 버섯은 균류에 속한다.

버섯은 우산 모양의 갓 한 개와 자루(대)로 이루어진 자실체(子實體)가 뚜렷한 균류이다. 갓의 밑면에 얇은 잎 같은

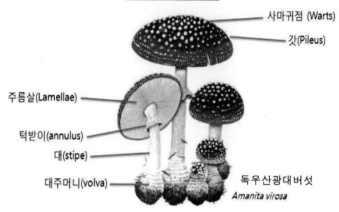

버섯의 부위별 명칭

사마귀점 (Warts)

갓(Pileus)

주름살(Lamellae)

턱받이(annulus)

대(stipe)

대주머니(volva)

독우산광대버섯
Amanita virosa

주름살이 있으며, 여기에서 포자가 방출된다. 자실체는 땅속에서 그물처럼 얽혀 있는 실 모양의 균사체 덩어리에서 나온다. 버섯은 자신의 생명체를 유지하기 위하여 식물이나 동물의 사체를 분해하여 영양분을 섭취하고 이산화탄소와 물을 생성하기 때문에 자연 생태계를 환원시키는 귀중한 역할을 하고 있다.

생태계에서 버섯의 역할에 대해 조덕현씨가 저술한《조덕현의 재미있는 독버섯 이야기》에 버섯의 역할에 대해 다음과 같이 기술하였다.

"생태계의 분해자로서 버섯이 유기물을 자연으로 돌려놓는 환원자로서의 기능을 한다는 사실은 잘 알려져 있다. 그 기능을 세분하면 세 가지로 나눌 수 있다.

첫째, 물생활 방식은 기생 형태를 띤다. 스스로 영양을 만들지 못하고 다른 생물들이 만들어 놓은 영양에 전적으로 의지하는 것이다.

둘째, 물질을 썩히기는 하는데 주로 나무나 풀을 썩히는 부생의 역할을 하고 있다. 식물의 셀룰로오스 등을 썩혀서 그 영양분으로 살아 가는 것이다.

셋째, 다른 식물과 공생을 한다. 예를 들면 송이버섯 균사는 살아있는 소나무의 실뿌리에 균근이라는 것을 만들어서 소나무가 흡수하기 힘든 물을 제공하고, 광합성을 통해 생성된 포도당을 소나무에게서 제공받음으로써 서로 돕는 관계를 유지한다."(조덕현, 『조덕현의 재미있는 독버섯 이야기』에서)

버섯은 상업적 쓰임새와 인간에게 유익한 정도에 따라 식용버섯, 약용버섯으로 구분하고, 나머지는 별 볼일 없는 야생버섯인데 이중에는 독버섯도 포함된다. 국내에 자생하는

다양한 버섯

버섯류는 약 1,500여 종이다. 이 중 식용, 약용 가능한 버섯은 350여 종이나 재배되는 버섯은 30여종에 불과하며 독버섯은 약 90여 종이다.

일반적으로 암을 치료하는데 외과수술, 방사선조사, 항암제 투여에 이은 제4의 암 치료법으로 최근 각광을 받고 있는 것이 면역력 강화 요법이다. 이 면역력을 강화하는 데는 버섯을 먹는 것이 가장 좋다는 것이 여러 연구에서 밝혀졌다. 버섯은 예로부터 항암 효과가 있는 식품으로 귀하게 여겨 왔다.

이 항암 효과가 버섯에 들어 있는 베타글루칸이란 성분이 면역력을 강화하기 때문이란 것을 안 것은 오래 되지 않았다. 버섯의 베타글루칸은 면역 세포를 강화하는 작용이 매우 강하다는 것이 증명돼 의약품으로도 사용되고 있다.

식용버섯으로 대표적인 것은 느타리, 표고, 팽이처럼 재배종과 송이, 싸리, 능이버섯 등 재배가 어려운 자연채취 종이 있다. 약용버섯은 면역증진, 종양억제, 치매방지, 혈압 및 혈당 조절 등의 기능성 성분을 지닌 버섯으로 영지, 상황, 차가버섯 등이 대표적이다. 독버섯은 호흡곤란, 마비, 장기 손상을 일으키는 독성 성분이 있고, 해독제도 없는 경우가 많아 위험한데 독버섯의 대표 버섯이 광대버섯류이며 가장 맹독성을 가진 버섯이다.

산에서 채취하는 버섯은 너무 위험하다는 인식 때문에 나물은 캐도 버섯은 도외시하는 경향이 있다. 그러나 버섯에 대해서 버섯 도감을 보고 조금만 공부하여 식용버섯과 약용버섯 및 일반적인 독버섯을 알게 되면 정말 여름 한철 산에서 귀중한 보물을 얻게 되는 것이다. 버섯을 알고 싶은 등산인들은 엄청 많은 버섯 종류를 전부 알려고 하지 말고 버섯의 위험성에서 벗어나려면 15개 이내의 버섯만 확실히 아는 것이 중요하다.

식용버섯으로 유명한 송이버섯, 능이버섯, 표고버섯, 느타리버섯 등은 산에서 발견하기가 쉽지 않은 아주 귀한 버섯이다. 특히 자연산 송이버섯과 능이버섯은 특별한 지역에서만 생산되기 때문에 자생지를 모두들 비밀로 하여 일반인들이 채취하기가 어렵다. 그렇기 때문에 이런 좋은 버섯보다는 쉽게 만날 수 있고 식용이나 약용으로도 좋은 버섯 15개 종류만 확실히 알고 채취하는 것이 바람직하다.

산행 중 쉽게 만날 수 있는 식용버섯으로는 덕다리버섯, 그물버섯, 붉은비단그물버섯, 팽나무버섯(팽이버섯), 접시껄껄이그물버섯, 자주색끈적버섯, 꽃송이버섯, 노루궁뎅이버섯이 있고, 약용버섯으로는 구름버섯(운지버섯), 장수버섯, 영지버섯(불로초), 잔나비걸상버섯(잔나비걸상 불로초), 말굽버섯이 있다. 이러한 식용버섯과 약용버섯 15개 종류만 확실히 알고 채취한다면 진정으로 산속의 요정을 만나는 즐거움을 갖게 될 것이다.

처음 1~3년간은 버섯을 공부하기 위하여 큰 버섯도감 책과 휴대용 버섯 책을 구입하여 위에 언급한 15개 종류의 버섯을 눈으로 인식하도록 버섯 사진과 설명을 숙지한다. 산행을 할 때는 휴대용 버섯 책을 갖고 다니거나 15개 종류의 버섯을 휴대폰으로 사진을 찍어서 수시로 확인할 수 있도록 준비하여야 한다. 그리고 산행 중에 만나는 버섯을 잘 관찰한 후에 위의 15개 종류 버섯에 해당된다고 판단되면 휴대폰으로 채취 전 사진과 채취 후 뒷면의 사진을 찍은 다음에 버섯 보관 용기 등에 잘 넣어서 배낭에 넣어 갖고 간다.

채취한 버섯 중에서 일부 식용버섯은 몇 시간 지나면 모양과 색깔이 변하는 경우가 많으므로 실물과 미리 찍어놓은 사진으로 집에서 버섯도감이나 책으로 다시 한번 확인한 후에 식용으로 요리하여 먹거나 약용으로 사용토록 하는 것이 매우 중요하다. 버섯은 같은 종류의 버섯이라도 구분하기가 매우 어려운 경우가 있는데 확실히 구분이 안되는 버섯은 미련없이 버리는 것이 좋다.

2~3년 정도 버섯도감을 보고 식용버섯, 약용버섯과 독버섯 등을 숙지하고 또 산에서 여러 종류의 버섯을 관찰하다 보면 버섯에 대한 지식과 경험이 늘어나면서 버섯에 대한 공포도 없어지게 된다. 이렇게 숲속의 요정과 친하게 되면 진정으로 산에서 자연이 주는 선물에 등산의 즐거움이 두 배 이상이 된다.

능이버섯

능이버섯은 예부터 가장 좋은 버섯을 꼽을 때 일(1) 능이 이(2) 표고 삼(3) 송이라고 하여 능이버섯을 최고로 쳤다. 능이버섯은 가을에 고산지대의 활엽수림 내 땅 위에 군생 또는 단생하는 버섯으로 9~10월에 채취한다. 능이버섯은 참나무 뿌리에서 균생하는데 갓의 크기가 7~20㎝이고 높이는 7~20㎝까지 자라며 처음에는 편평형이나 후에 깔때기형~나팔꽃형이 되고, 갓 중심부는 줄기대까지 뚫려 있다.

갓 표면은 거칠고 곰보와 같은 큰 인편이 있고 처음에는 담홍갈색~담갈색이지만 차차 홍갈색~흑갈색이 되고, 조직은 담홍색이다. 길이 1㎝ 이상 되는 무수한 집이 돋아나 있고 처음에는 회백갈색이나 후에 담흑갈색이 된다. 자루(대)는 3~6㎝로 비교적 짧고 뭉툭하며 대의 기부까지 침이 돋아 있으며 담홍갈색 담흑갈색이다.

능이버섯은 맛과 향이 뛰어나 향버섯이라고도 한다. 버섯에는 담백질 함량 약 32%, 다당류 약 53%, 유리 아미노산이 23종 들어있으며, 지방산 10종과 미량금속 원소가 13종이 들었고 그밖에 혈중 콜레스테롤을 저하시키는 Enltedenine과 암세포를 억제시키는 Lentian 등이 다량 함유되어 있어 콜레스테롤을 감소시켜주는 효능이 있다.

특히 육류를 먹고 체했을 때 이 버섯을 달인 물을 소화제로 이용해 왔으며 자연산 능이버섯은 암예방과 기관지 천식, 감기에도 효능이 있다. 능이는 향이 진하고 아삭하게 씹히는 맛이 좋고 시원하면서도 담백하며 뒷맛이 깨끗하여 고기를 구워 먹을 때나 탕, 백숙 등 다양한 요리에 활용한다. 특히 능이버섯을 쇠고기와 함께 요리해서 먹으면 그 맛이 일품이다.

표고버섯

　표고버섯은 느타리과에 속하는 버섯으로 밤나무, 졸참나무, 상수리나무, 떡갈나무 등 마른 나무나 그루터기에 기생하여 자라는데 최근에는 인공재배에 의한 생산량도 매우 많아 시장이나 마트에서 많이 볼 수 있다. 우리나라나 일본에서는 송이버섯을 최고의 버섯으로 생각하지만 중국에서는 전통적으로 표고버섯을 가장 으뜸으로 친다.

　표고버섯의 갓은 5~10㎝로서 어두운 다갈색 또는 흑갈색이며 육질이 질기고 건조하여 저장하면 표고버섯 특유의 향기가 생긴다. 비타민 B1과 B2도 풍부하고 향과 맛이 좋아 각종 음식의 재료로 널리 이용되며, 생으로 이용하거나 말려서 사용하기도 한다. 표고버섯은 요리하기 전 살짝 찢어 향을 맡고 생으로 씹어 향을 즐기는 것부터 시작이다. 버섯 전문가나 요리

표고버섯

사들은 버섯의 향을 보존하기 위해 물로 씻으면 안 된다고 한다. 가장 좋은 방법은 젖은 키친타월이나 면포로 버섯 겉면을 살살 닦아내는 것이다. 조직이 단단하고 식감이 좋아 구이나 튀김, 전, 전골, 찌개 등 다양한 요리의 재료로 활용된다.

여러 채소 요리에 표고버섯을 넣으면 고기 이상으로 맛이 좋아진다. 이것은 가장 강력한 감칠맛 성분인 구아닐산을 함유하고 있기 때문이다. 특히, 표고버섯은 건조시키면 감칠맛이 강해진다. 건조 표고버섯을 물에 불릴 때 감칠맛이나 에리다데닌이 물에 녹아 나오므로 표고버섯 자체를 이용하자면 단시간에 불려야 한다. 설탕을 조금 넣으면 빨리 불릴 수 있고 감칠맛 성분도 쉽게 달아나지 않는다.

표고버섯의 효능에 대하여는 오랜 옛날부터 많이 연구되었는데, 표고버섯에는 에리다데민이라는 물질이 있어서 이것이 핏속의 콜레스테롤 수치를 내리고 혈압을 낮추는 작용을 하기 때문에 고혈압이나 동맥경화의 예방에 알맞다.

식용버섯

송이버섯

　송이버섯은 가을철에 20~30년생 소나무숲이나 가문비나무 숲속의 양지바르고 바람이 잘 통하며 물기가 잘 빠지는 흙에서 자라난다. 버섯갓은 처음에는 둥근 모양 혹은 반둥근 모양이고 나중에는 자라면서 편평하게 직경 8~25㎝ 크기로 퍼진다. 버섯대는 길이 10~25㎝, 직경 1.5~3㎝이며 속이 차 있고, 위는 백색이며 아래는 갈색 비늘이 덮여 있다. 버섯대의 아래위의 굵기는 같거나 윗쪽으로 좀 가늘고 밑부분이 굵은 것도 있다.

　버섯의 겉면은 마르고 누런 밤색 혹은 진한 밤색이며 가운데 부분은 더 진한 색을 띠고 섬유 모양의 비늘이 덮여있다.

버섯주름은 빽빽하고 폭이 넓고 흰색이며 대에 홈파진 주름으로 붙는다. 갓 변두리는 안쪽으로 말리며 버섯대의 윗부분에 붙어있고 살은 두껍고 흰색이고 단단하며 치밀하고 독특한 풍미가 있는 식용 버섯이다.

송이는 산행하면서 보기 힘든 귀한 버섯으로 우리나라의 고성, 봉화, 양양, 울진 같은 곳에서 많이 나는데 이런 송이 산지는 주민들의 생계를 위해 채취함으로 일반인들이 잘 모르는 곳에 있으며 주민들의 감시가 심하고 산의 출입을 통제하는 경우도 있다.

송이에 들어있는 아미노산 성분과 비타민B군 및 비타민 D 성분이 신진대사를 촉진하고 혈액순환을 개선시켜 면역력을 강화시키고 피부의 노화를 막아주며, 피부에 영양을 주어서 피부미용에도 탁월한 효능이 있다. 송이에 풍부하게 들어있는 구아닐산과 칼륨 성분이 혈관 내 유해한 콜레스테롤을 낮춰주어 혈관건강과 고혈압을 예방하는 데에 뛰어난 효능이 있다고 한다. 또한, 송이 속에 다량 들어있는 글루칸이라는 성분이 갖가지 암을 예방하며, 암세포의 증식과 발생을 제한하는 항암효과가 있어 암예방에 뛰어난 효능이 있다고 알려져 있다.

송이는 물에 담궈 씻으면 향이 사라질 수 있어 키친타월 또는 부드러운 브러쉬로 이물질을 털어주고 송이 향과 맛을 가장 잘 느끼기 위해서는 채취하자마자 얇게 잘라 소금 기름장에 찍어 먹는 게 좋다. 송이로 술을 담가 먹기도 한다. 국이나 볶음 등으로 먹어도 좋은데, 이때는 송이의 향을 가리지 않도록 양념을 절제하는 것이 중요하다. 송이는 기름진 음식과 궁합이 맞는다. 쇠고기, 닭고기, 돼지고기와도 잘 어울린다.

느타리버섯

느타리과에 속하는 버섯으로 늦가을 10~12월, 봄철 3~4월경에 활엽수나 침엽수의 넘어진 나무줄기, 잘라낸 밑둥치 등에 많이 몰려 있으며 기와장을 쌓은 것처럼 겹쳐서 무더기로 돋는다. 자실체의 버섯갓은 회백색 또는 연한 회갈색으로 반둥근모양, 콩팥모양 또는 조가비모양, 부채모양이다. 처음에 변두리는 안쪽으로 말리고 후에 펴지며 반원 또는 부채꼴을 이루며 지름은 5~15㎝이다. 버섯대는 흰색으로 길이 1~4㎝, 직경 1~2㎝이며 버섯대가 여러 개로 나누어 밑둥이에 한데 붙어서 자란다.

우리나라에서 표고, 양송이와 함께 가장 선호하는 식용버섯으로 다양한 인공 재배 방법이 개발되었다. 여러 개 버섯이 안쪽으로 구부러지고 때로는 약간 찢어지는데 전체적으로 탄력이 있고 살은 희고 두꺼우며 껍질 밑은 재색을 띤다. 느타리버섯은 아니스 향기가 있으며 삶으면 부드러워져 입 안의 촉감이 좋아지기 때문에 국거리로 하거나 삶아서 나물로 먹기도 하며 부침개 등 여러 가지의 조리법이 있다.

느타리버섯

식용버섯

덕다리버섯

잔나비과에 속하는 덕다리버섯은 버섯대가 없고 버섯
갓만 침엽수·활엽수의 생목 또는 고목의 그루터기 등에
붙어서 발생한다. 버섯갓은 부채꼴 또는 반원형으로 하
나하나의 버섯갓은 나비 5~20㎝, 두께 1~2㎝이다. 버
섯갓 표면은 연주황색이며 뒷면은 선명한 노란색으로
여러 개 중첩되어 30㎝ 내외의 버섯덩어리로 된다.

어렸을 때는 육질(肉質)로 살은 탄력이 있으며 이때 채
취하여 식용하는데 닭고기와 같은 맛이 난다고 하여 외
국에서는 닭고기버섯이라고 하며 북한에서는 살조개버

덕다리버섯

섯이라고 한다. 버섯이 크게 자라면 색깔이 흰색의 엷은
황색이 되며 부서지기 쉽게 굳어지는데 이때는 식용하
지 않는다.

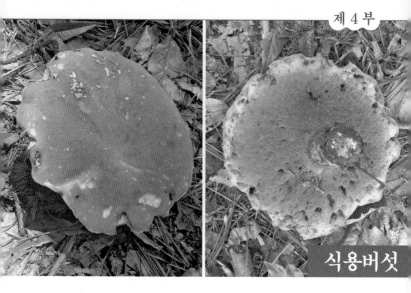

식용버섯

그물버섯

　비가 많이 오고난 후 가을철이 되면 산기슭 숲속에 엄청 큰 버섯을 발견하게 되는데 이 버섯이 그물버섯이다. 갓의 지름이 6~20㎝로 처음에는 구형이나 자라면서 반구형을 거쳐서 편평하게 되며 대는 지름이 1.5~5㎝로 곤봉같이 굵다. 표면 색깔은 담황색 또는 담갈색이고 버섯을 뒤집어 보면 관공은 미세하고 담록황색이다. 유럽에서는 최고급 버섯으로 애용하는 식용 버섯이다.

　그물버섯의 일종인 붉은비단그물버섯은 여름과 가을철 침엽수림 내 단생 또는 군생으로 자라며 갓의 지름이 3~12㎝로 처음에는 반구형이나 자라면서 편평하게 되며 대는

붉은비단그물버섯

지름이 0.6~2㎝이다. 표면 색깔은 적색이나 후에 갈색으로 변하면서 표면위에 곰보같은 인편이 있다. 버섯을 뒤집어 보면 관공은 크고 방사선으로 배열되어 있으며 황색 또는 황갈색이고 상처가 나면 갈색으로 변한다. 그물버섯과에 속하는 버섯은 대부분 식용 버섯이며 대표적인 것이 붉은비단그물버섯, 황금그물버섯, 껄껄이그물버섯, 거친껄껄이그물버섯, 접시껄껄이그물버섯, 젖비단그물버섯, 마른산그물버섯, 산그물버섯, 노란분말그물버섯 등이 있다.

거친껄껄이그물버섯

젖비단그물버섯

꽃송이버섯

꽃송이버섯은 반구형의 꽃양배추와 닮았고 수국꽃이나 산호처럼 꽃잎이 다수 모인 것처럼 보이며 아름답다. 한덩어리의 지름이 10~30㎝ 정도 크기로 색깔은 백색에서 엷은 노란색이다. 여름부터 가을에 침엽수의 그루터기나 뿌리에 발생한다.

각종 세균에 저항하는 성분이 들어있어 항균에 탁월한 효능이 있다. 면역력 강화와 항암에도 도움이 되고, 비타민이 풍부하여 피부 미용에도 효과가 있다. 기본적으로 열량이 낮기 때문에 체중을 조절하는 데에도 좋다. 꽃송이버섯의 함유 성분을 분석한 자료에 의하면 놀랍게도 100g중에 베타글루칸이 43.6g이나 들어 있어 항암성분이 다른 버섯에 비해 매우 높은 것으로 밝혀졌다.

영양이 많은 꽃송이버섯은 맛이 송이버섯과 비슷하여 살짝 구워 먹거나 무침으로 먹는다. 또한, 바짝 말린 후 차로 우려내어 마시기도 하는데 우려낸 뒤 남은 버섯은 따로 무쳐 먹거나 국물 요리에 넣어 먹는 경우도 있다.

꽃송이버섯

노루궁뎅이버섯

　노루궁뎅이버섯은 항종양, 항염, 항균 효과가 탁월한 산삼보다 더 귀한 버섯으로 9~10월에 활엽수의 생나무 또는 죽은 나무 위에 발생하는 목재백색부균으로서 해발 500m 정도의 야산에 자생하는데 보기가 쉽지 않은 아주 귀한 버섯이다. 버섯 모양이 마치 노루궁뎅이를 닮았다고 하여 '노루궁뎅이 버섯'이라고 부르는데 초기에는 흰백색이다가 나중에는 담황색을 띤다.

　자실층 크기는 지름이 5~25㎝의 반구형이다. 균침은 길이가 1~2㎝이고 자실체의 모든 표면 위에 착생하며 상부의

노루궁뎅이버섯

균침은 구부러져 있고 하부의 균침은 곧으며 균육은 백색이고 유연하며 해면질이고 탄력성이 있다.

자연산 노루궁뎅이 버섯은 9~10월에 해발 500m 정도의 야산에 자생하는데 보기가 쉽지 않아 아주 귀한 버섯이다.

효능은 오장을 이롭게 하고 소화를 도우며, 자양강장의 보신작용과 항암작용이 있다. 주로 위궤양, 십이지장궤양, 만성위염, 식도암, 위암, 장암에 효과가 있고, 소화불량, 신경쇠약, 신체허약을 다스리며 다이어트에도 좋다. 주로 위궤양, 십이지장궤양, 만성위염, 만성위축성위염, 신경쇠약, 신체허약에 하루 30~150g 을 달여서 복용한다. 노루궁뎅이 버섯은 탄수화물, 단백질, 아미노산, 무기염류와 비타민이 많아서 담백하고 식감이 좋아서 생으로 먹을 수 있으며 약선 요리에도 이용되고 있다.

목이버섯

목이버섯은 담자균류 목이(木耳)과의 버섯으로 음습하거
나 썩은 나무 또는 활엽수 나무에 기생하는데 뽕나무, 물푸
레나무, 닥나무, 느릅나무, 버드나무에 자라는 것이 품질이
가장 좋다. 목이버섯의 자실체 형태가 사람의 귀와 비슷하
고 나무에 붙어 있어 목이(木耳: 나무의 귀)라 부른다.

버섯의 직경은 약 2~10㎝정도이고 내면은 암갈색에 매끈
하다. 겉면에는 담갈색으로 유연하고 짧은 털이 조밀하게
나있다. 자실체가 습기를 머금었을 때는 아교질로 나타나
고, 건조할 때는 가죽질로 나타난다. 크기가 다른 자실체들
이 모여서 무리를 이루고 있다. 털목이버섯은 자실체가 회

털목이버섯

백색이며 짧은 털이 빽빽하게 나 있다.

목이버섯은 깊은 숲속 나무에서 발견되지만 자연산은 구하기 어렵다. 최근에는 표고버섯과 같이 참나무류 원목에 종균을 접종하여 재배한다. 채취시기는 여름, 가을철에 거두어 햇볕에 말려서 식용 또는 약용으로 쓴다. 부드럽고 쫄 깃쫄깃한 맛과 검은 색깔로 시각적인 면에서 즐길 수 있어 중화요리에 광범위하게 이용되며 한식에서는 잡채, 볶음요리 등에 활용된다.

『동의보감』에서는 목이버섯이 성질이 차고 평(平)하고 맛이 달며(甘) 독이 없다. 오장을 좋아지게 하고 장위에 독기가 몰린 것을 헤치며 혈열을 내리고 이질과 하혈하는 것을 멎게 하며 기를 보하고 몸이 가벼워지게 한다고 써있다.

목이버섯의 약효는 실험에 의하면 항종양 억제율이 90.8%이고, 복수암 억제율은 80%로 조사되어 항암 작용과 폐를 튼튼하게 하는 효능이 있다. 또한 피를 서늘하게 하고 지혈작용이 있으며, 류머티스성 동통, 수족마비, 산후허약, 혈리, 치질출혈, 대하, 자궁출혈, 구토, 고혈압, 변비, 붕루, 안저출혈 등에 잘 듣는다.

식용버섯

망태버섯

　망태버섯은 여름에서 가을까지 대나무밭, 침엽수림, 활엽
수림 내 땅위에서 단생 또는 군생으로 자생한다. 버섯 갓의
모양이 중간부터 망태처럼 하얀 그물모양으로 펼쳐지고,
대는 높이 10~20㎝ 정도이고 굵기는 2~3㎝ 정도로 속은
비어 있다.

　망태버섯은 버섯의 여왕이라고도 부르는 화려한 버섯으
로 중국에서는 고급 요리에 쓰인다. 쫄깃쫄깃한 질감을 가
지고 있어 식재료로 활용하는데 다른 재료와 함께 볶아 먹
기도 하고, 찌개 등의 국물요리에 넣어 먹기도 한다. 노랑
망태버섯은 독성이 있어 갓과 망토를 제거하고 대(줄기)만

망태버섯

먹으며, 흰망태버섯은 갓만 제거하고 대와 망토를 함께 먹는다.

　망태버섯은 항암에 탁월한 효능을 가지고 있으며 단백질과 불포화지방산 등이 풍부하여 체중 조절을 하는 데에도 도움이 된다. 체내의 콜레스테롤을 저하하는 성분이 들어 있어 고혈압을 방지하는 데에도 효과가 있다.

약용버섯

운지버섯

운지(雲芝)버섯은 구멍장이버섯과에 속하며 거의 모든 산에서 흔하게 볼 수 있는 독성이 없는 버섯으로 구름같이 생겼다 해서 구름버섯이라고도 한다. 버섯의 색깔은 흑색에서 남흑색이고 버섯 표면에 반달 같은 고리(구름)무늬는 회색, 황갈색, 암갈색, 흑갈색, 흑색 등이 있으며 표면에는 짧은 털이 빽빽하게 있어 만지면 부드럽다. 봄부터 가을에 걸쳐 침엽수, 활엽수의 고목 또는 그루터기 등에 수십 내지 수백 개가 중첩되어 자란다.

운지버섯은 항종양 억제율 100%를 나타내고 있어 B형간염, 천연성 간염, 만성활동성 간염, 만성 기관지염, 간암의

운지버섯

예방 및 치료, 소화기계 암, 유방암, 폐암에 좋다. 또한, 운지에는 6대 영양소 중 '베타글루칸'이라는 성분이 들어 있는데 이것은 열을 가해도 파괴되지 않는다고 한다. 노화억제에 효능이 있으며, 천연 항암제 역할도 하는 운지는 늦가을에 채취하는 것이 약효가 더 좋다. 일반인들은 운지버섯을 잘 모르고 있지만 이미 항암효과가 입증되어 제약회사에서 항종양제인 'Krestin(PSK)'를 만들어 냈다. 운지의 다당체인 PSK가 대식세포활성화 등의 작용을 통해 인체면역력을 증가시킨다. 국내에서도 이미 운지버섯으로 마시는 음료수를 개발하여 시중에 팔고 있다.

버섯을 채취하여 잘 씻어서 햇볕에 말렸다가 차나 약재로 달일 때는 0.5~1리터 정도의 물에 운지갓 10~20개 정도와 대추 등과 함께 물을 넣고 달여서 보리차처럼 음용하는 것이 좋다. 일반적으로 버섯은 장기간 복용해야 큰 효과를 볼 수 있어 적당량을 꾸준히 복용하는 것이 좋다. 운지를 달이는 데 있어, 한번만 사용하고 버릴 것이 아니라 두 번 정도 우려내서 복용하는 것이 적당하다.

영지버섯

  약용버섯 중에서 첫 번째로 치는 것이 영지버섯인데 불로 초라고도 한다. 1년생 버섯으로 여름에서 가을에 걸쳐 활엽수 뿌리 밑동이나 그루터기에서 주로 자란다. 버섯갓은 반원의 콩팥 모양이며 편평하고 동심형의 고리 모양 홈이 있다. 갓의 지름이 5~15㎝에 두께가 1~1.5㎝이고 버섯대는 3~15㎝ 정도인데 갓과 자루의 표면이 옻칠을 한 것과 같은 광택이 있어 쉽게 눈에 띄고 식별이 쉽다.

  갓 표면은 처음 솟아날 때는 갓 끝이 흰색에 밝은 노란빛을 띠다가 커지면서 누런 갈색 또는 붉은 갈색으로 변하고 늙으면 밤갈색으로 변한다. 갓살 전면이 가죽 같은 각피로

영지버섯

덮여 있으며 조직은 코르크질인데 채취하여 말리면 아주 딱딱하게 굳어진다.

영지버섯의 대표적인 효능으로 항암 작용을 꼽는데 이는 버섯에 함유되어 있는 다당체인 베타글루칸이 항암작용이 뛰어난 성분을 갖고 있다. 영지버섯은 체내의 활성산소를 억제시켜 암세포의 전이 및 증식을 방지하고, 세포의 노화를 방지하여 각종 암 예방에 효과적이다. 영지버섯을 달인 물을 주기적으로 꾸준히 섭취하면 각종 암 예방 뿐만 아니라 건강한 노후 대비에도 좋다.

영지버섯의 두 번째 효능은 뇌의 각종 염증과 손상으로 인해 발생하는 기억력 상실과 세포의 노화를 억제하여 뇌 건강에 도움을 준다. 영지버섯은 혈액 순환을 원활히 하고, 뇌세포에 자극을 주어 뇌세포를 활성화하여 인지능력 향상, 기억력 개선, 건망증 완화, 치매, 호흡기 질환 예방에 도움을 준다.

영지버섯의 세 번째 효능은 해독작용이 뛰어나 간에 쌓여 있는 각종 노폐물과 독성 물질을 해독시켜 체외로 배출하여 간 기능을 활성화하고 강화시킨다. 특히 영지버섯을 꾸준히 섭취하면 심근경색, 동맥경화, 심장마비, 고지혈증, 뇌졸중 등 각종 심혈관 질환 예방에 효과적이다. 영지버섯은 대표적인 저칼로리 식품이며 식이섬유가 풍부하게 함유되어 있어 피로회복과 당뇨 예방에 좋으며 다이어트에도 효과적이다.

약용버섯

아카시아재목버섯

아카시아재목버섯

아카시아재목버섯은 일명 장수버섯이라 불리는데 민주름목 구멍장이버섯과에 속하는 일년생 버섯이다. 버섯갓의 크기는 약 5~20㎝, 두께 1~2㎝ 정도이고 적갈색이 아니면 회갈색을 띤다. 아카시아나무 밑동에 제일 많이 생기는 버섯이라서 이런 이름을 가진 것이나 봄부터 가을에 걸쳐 벚나무, 아카시아나무 등 활엽수의 살아 있는 나무 밑동에 무리지어 발생하며, 목재를 썩히는 부생생활을 한다.

참나무 밑동에도 생긴다.

처음에 유균일 때는 반구형이며 연한 황색 또는 난황색의 혹처럼 덩어리진 모양으로 발생하였다가 생장하면서 반원형으로 편평해진다. 갓 표면은 적갈색이나 차차 흑갈색이 되며 늙어서는 단단한 각피질이 된다. 갓 가장자리는 성장

하는 동안 연한 황색에 환문이 있으며 조직은 코르크질이
고 연한 황갈색이다.

이 버섯은 항산화물질이 함유되어 있어 끓여서 마시면 고
소한 숭늉맛이 나며 항암작용과 성인병 예방에 효과가 있
어 장수버섯이라고 부른다. 항암작용(항종양, 면역 증강활
성 등)은 운지버섯의 1.6배에 달하며 표고버섯의 1.8배에
달하고 차가버섯, 상황버섯 및 영지버섯과 같이 약리작용
이 뛰어난 약용버섯이다.

잔나비걸상버섯

잔나비걸상버섯은 활엽수의 고목 또는 산나무에 군생하는 목재 부후균으로 버섯의 윗모습이 넓고 편편하여 마치 원숭이가 앉는 의자와 같다고 하여 붙여진 이름이다. 버섯의 크기는 보통 폭이 20~30㎝인데 50㎝가 넘는 것도 있으며 갓의 모양은 반원형으로 밑에서 보면 말굽이나 종 모양처럼 보인다.

표면은 각피로 덮여 있고 회백색 또는 회갈색이며 두께는 1~5㎝이고 갓의 아랫면은 황백색 또는 백색인데 조직은 자흑색의 코르크질이다. 버섯의 추출물은 고형 암의 성장을 억제하고, 면역체계를 강화시켜 암 예방 및 치료에 효과가 있다.

또한 혈당을 떨어뜨려 주고 인슐린의 분비를 증가시켜 당뇨 예방과 치료에 탁월한 효능이 있다고 한다. 잔나비걸상버섯은 영지버섯과 함께 불로초라 불릴 만큼 좋은 약재 성분을 함유하고 있어 기관지 건강, 염증 완화, 면역력 강화에도 많은 도움을 준다고 한다.

잔나비걸상버섯은 손질한 후 잘게 썰어서 용기에 달여서 주로 차로 우려내어 마신다. 버섯 80g을 4ℓ 정도의 물에 넣고 끓이는데 이때 감초나 대추를 첨가하면 쓴맛과 나무 냄새를 제거해 먹기에 편하다. 약용버섯은 한 번만 사용하고 버리지 말고 말린 다음 재탕, 삼탕 끓여 먹는다.

담금주로 만들 때는 버섯 150g을 적당한 크기로 잘라 감초 2조각과 함께 용기에 넣고 소주 1.8ℓ를 넣고 밀봉한 후 서늘한 곳에 보관한다. 6개월 이상 숙성시킨 후 하루 1~2잔씩 적당 양을 복용하면 좋다.

잔나비걸상버섯

말굽버섯

말굽버섯은 구멍장이버섯과에 속하는 버섯으로 단풍나무·자작나무·너도밤나무 종류의 살아 있거나 죽은 활엽수 나무에 기생하며 수년간 자라는 코르크질의 버섯이다. 갓의 지름은 3~50㎝ 정도이며, 두께는 10㎝~20㎝까지 자란다. 처음에는 반원형이다가 나중에 종 모양 또는 말굽 모양으로 변한다.

모양은 이름에서 알 수 있듯 말의 발굽과 비슷하게 생겼고, 표면의 색깔은 회색 빛이 도는 백색이나 갈색을 띠며 두껍고 단단한 껍질로 덮여 있다. 갓의 둘레는 둔하고 황갈색이며 밑면은 회백색이다. 밑면에 치밀한 회색 또는 연한 주

말굽버섯

황색 구멍(管孔)이 있다. 말굽버섯은 높은 나무에 단단히 붙어 있어 칼로 잘 떼어내야 한다.

말굽버섯에는 베타글루칸 성분이 풍부한데 이 베타글루칸이 면역력을 증강해주고 항암에 탁월한 효능을 가지고 있으며 항산화 성분이 들어있어 노화방지에도 도움이 된다. 유기 게르마늄도 풍부하게 함유되어 있어 면역력을 강화하는 데에도 효과가 있고 콜레스테롤을 배출해주어 고혈압이나 당뇨 등을 방지하는 데에도 좋다.

칼로 잘 썰어지지 않을 정도로 단단하기 때문에 요리에 활용되지는 않고 주로 차로 우려내어 마신다. 차로 우려 마실 때는 물 2ℓ에 마른 말굽버섯 20~30g에 떫은 맛을 중화하기 위해 감초나 마른 대추 등의 재료를 함께 넣고 끓여 마시면 되는데 두세 번 달여도 좋다. 또한, 말굽버섯을 약술로 담글 때는 말굽버섯 300~400g, 소주 1.8ℓ, 설탕 15~30g 정도를 넣고 밀봉해 서늘한 곳에서 6개월 이상 숙성시켜 하루 2~3잔 정도로 마시면 좋다.

독버섯

야생버섯은 국내에 총 1,900여 종이 보고되고 있는데, 그 중에 식용버섯은 약 400여 종이며 독버섯은 약 50여 종인데 맹독성 버섯은 약 20여 종이 있다. 일반인들이 알고 있는 것과 달리 독버섯의 외양은 화려한 색깔을 갖고 있는 것도 있지만 흰색 등 다양한 형태와 색깔을 띤다. 따라서 식용버섯과 비슷한 모양과 색깔을 갖는 경우도 많아서 독버섯과 식용버섯은 전문가도 쉽게 구별하기 어렵다. 우리나라에서 중독현상이 가장 많이 발생하는 버섯은 노란다발과 독우산광대버섯으로 알려져 있다. 노란다발은 숲속에 무더기로 소복하게 발생하기 때문에 먹음직스러워 보이고, 색깔이 빨갛지 않고 노란색이며, 독우산광대버섯 또한 흰색을 띠고 있어서 독버섯이 아니라고 생각하기 쉽다.

독버섯하면 떠오르는 대표 버섯이 바로 광대버섯이다. 광대버섯은 땅위에 솟아나는데 버섯의 전형적인 형태인 갓(균모), 주름살, 자루(대)로 이루어져 있고 갓에는 인편이 있고, 자루에 턱받이, 자루 밑에 대주머니 등이 있어서 버섯의 표준형으로 볼 수 있다. 여러 종류의 광대버섯 외에도 갓버

붉은점박이광대버섯   마귀광대버섯

섯, 땀버섯, 꼭지버섯, 무당버섯, 황금·노랑·붉은싸리버섯,
알버섯, 사슴뿔버섯과 나무에 붙어 기생하는 화경버섯 등
이 있다. 화경버섯은 나무에 기생하는 유일한 맹독버섯으
로 외관상 느타리, 표고, 참버섯류와 비슷하나 밤이나 아주
어두운 곳에서 청백의 형광빛이 난다.

독버섯을 날로 먹을 경우에 호흡기 자극, 두통, 현기증, 메
스꺼움, 호흡곤란, 설사, 위장 장애, 환각 등의 증상을 일으
키고, 맹독성인 경우에는 여러 장기에 손상을 주는 경우도
있다. 독버섯을 먹고 중독 증상을 일으키면 응급조치로 먹

흰가시광대버섯

흰알광대버섯

뿌리광대버섯

알광대버섯

화경버섯

은 것을 토하게 하고 가검물과 함께 병원으로 후송하는 것
이 제일 좋다.

　버섯 중독은 독버섯을 식용으로 잘못 알고 먹기 때문에 일
어난다. 현재 우리나라는 식용 여부가 규명되지 않은 버섯
들이 많다. 그러므로 버섯을 채취할 때 확실히 아는 것이 아
니면 채취하지 말고 먹지도 말아야 한다. 야생 버섯은 식용
가능한 버섯이라 해도 약간씩의 독성분은 가지고 있기 때
문에 가능한 한 익혀 먹어야 한다.

가을에 찾는 열매와 약초

9월 중순부터 10월 말까지는 등산객뿐만 아니라 일반인들도 산에서 먹기 좋은 자연의 나무 열매를 채취할 수 있다. 식용 가능한 나무 열매가 수십 종 있지만 그중에서도 많은 사람들이 잘 아는 산밤, 잣, 오디, 으름, 산수유, 다래, 돌배 등이 있다. 산에 올라 정상에서 식사와 휴식을 취한 다음 하산하면서 산 능선이나 계곡 및 산밑에서 산밤이나 잣들이 길가나 숲속에 떨어져 있는 것을 발견하고 줍는 재미는 가을에 화려한 단풍 경치를 구경한 것만큼 등산의 재미를 더해 준다.

산밤

밤나무는 보통 키가 15~20m이며 잎은 긴 달걀 모양으로 어긋나고 잎 가장자리에 뾰족한 톱니가 있다. 6~7월에 암·수꽃이 피면 멀리서도 밤나무를 식별할 수 있게 나무 위에 눈이 내린듯 하얗게 보이며 밤꽃은 아주 독특한 향기를 낸다. 그 향기의 성분은 스퍼미딘(spermidine)과 스퍼민(spermine)으로 수컷의 정액 냄새 성분과 같다고 한다. 이런 연유로 조선시대 사대부 집안에서는 밤꽃이 필 때는 부녀자들의 외출을 삼가도록 하였다는 고사도 있다.

9월 중순에서 10월 초에 밤나무는 열매를 맺는데 견과(堅果)로 익어 길이가 3㎝ 정도 되는 가시가 많이 난 밤송이가 되며, 그 속에 1~3개의 밤이 들어 있다. 산밑 큰 밤나무가 있는 주변에는 밤송이 껍질이 널려 있고 밤 알갱이도 여기저기 흩어져 있어 조금만 관심을 갖고 밤나무를 찾으면 의외로 산밤을 많이 줏을 수 있다. 밤을 줏으러 갈 때는 강한 밤가시 때문에 필히 장갑과 집게를 갖고 가는 것이 편리하다.

산밤은 보통 크기가 작지만 수종에 따라서는 재배종 같이 씨알이 굵은 것도 많다. 산밤이 시장에서 파는 재배종 밤보다 단단하고 고소하며 달아서 많은 사람들이 즐겨 먹는다. 산밤에는 벌레들이 잘 침투하여 살기 때문에 밤에 구멍이 있는지 잘 보고 썩은 밤을 골라낸 후에 즉시 소금물에 반나절 정도 담갔다가 깨끗히 씻어서 몇시간 말려서 쪄 먹거나 구워 먹는 것이 좋다.

특히 오래 보관하여 먹으려고 할 경우, 한달 정도 분량은 밀폐용기에 키친타월과 신문지를 깐 후에 밤을 넣어서 냉장고에 보관하면서 꺼내 먹는 것이 좋다. 장기보관은 껍질을 까지 않고 보관하는 것이 좋은데 냉장실보다는 냉동실이 오래 보관할 수 있다.

잣

잣나무는 전국의 산 어디서나 잘 자라며 우리나라가 원산지이다. 소나무과에 속하는데 잎이 소나무잎(솔잎)과 비슷하여 혼동하기 쉽다. 솔잎은 긴 바늘잎이 가지 끝에 2~3개로 되어 있으나 잣은 솔잎보다 굵으면서 세모진 바늘잎이 짧은 가지 끝에 5~6개씩 모여 달리는데 길이는 7~12㎝이다. 열매는 9월에 길이 12~15㎝, 지름 6~8㎝의 긴 달걀꼴로 솔방울 같이 생기는데 솔방울 보다 크다.

9월에서 10월 중에 열매가 익으면 잣송이 겉에 붙어있는 껍질 끝이 길게 자라 뒤로 젖혀지고 잣송이 끝 가지가 말라지며 잣송이가 떨어진다. 자연히 떨어지는 것 외에도 청설

모 등 작은 동물들이 잣나무에 올라가 잣송이를 떨어뜨려 잣을 까 먹는다. 잣송이 속에 씨가 촘촘히 박혀 있는데 그 씨를 잣이라 하며 잣송이 하나에 80~90개의 잣이 들어 있다.

잣은 식용 또는 약용으로 사용하며 잣송이 자체를 약용 또는 잣술을 담그는데 사용도 한다. 잣의 겉껍질은 매우 단단하며 껍질을 깨면 속껍질은 배젖(胚乳)인 황백색의 알맹이가 들어 있다. 여기에는 지방유(脂肪油)와 단백질이 많이 함유되어 있어 고소하고 향기가 좋다. 이 잣 알맹이는 지방유 74%, 단백질 15%가 들어 있어 자양·강장 효과가 있으며 이것을 생으로 먹거나 각종 요리에 쓴다. 약으로 쓸 때는 탕으로 하거나 죽을 쑤어 먹는다.

개인 산이나 동네 주민 및 산림청에서 수익사업을 위해 특정 지역에 잣나무를 조림하는 곳이 있는데 이런 곳에서 잣을 채취하면 주민들과 다툼이 생긴다. 따라서 등산을 하다가 산밑이나 산길에 떨어져 있는 잣을 채취할 때는 이 점을 주의해야 한다. 잣송이는 송진 같이 표면에 끈적거림이 있어 맨손으로 잡으면 손가락에 끈적거리는 송진이 묻어서 매우 불편하므로 장갑을 착용하고 주워야 한다.

오디

뽕나무에 아주 작은 포도송이 같이 원형 또는 타원형으로
달려있는 녹색열매가 점차 붉어지며 5월 하순~6월 중순 경
다 익으면 자주색에서 흑자색의 열매가 되는데 이를 오디
라고 부른다. 뽕나무는 양잠·공업용·식용·약용 등 여러 가지
용도로 사용되기 때문에 수 천년 전부터 산이나 들에 작목
을 하고 잎과 열매 및 나무를 채취하고 누에를 기른다.

산에 자연히 자라는 뽕나무를 산뽕이라 부르는데 산속에
홀로 있는 산뽕나무에서 오디를 따 먹을 수 있다. 오디를 전
문적으로 채취하는 사람들은 산뽕나무 밑에 비닐을 넓게
깔고서 나무를 흔들거나 큰돌로 쳐서 오디를 떨어뜨려서

오디

채취한다.

　오디에는 콜레스테롤을 제거하는 루틴 성분이 있어 고혈
압과 고지혈증을 예방한다고 하며 철분과 비타민 C, B, 칼
슘 등의 함량이 매우 높아 영양적으로도 매우 뛰어나다. 또
한, 관절치료, 숙취해소, 피부미용 등 다양한 효능이 있고
강장제로서의 기능도 있다. 오디가 달고 맛있어서 즉석에
서 먹기도 하지만 술을 담그면 포도주보다 훨씬 맛있는 담
금주를 만들 수 있다.

으름

으름은 으름덩굴의 열매인데 한자로는 목통(木通)·통초(通草)·임하부인(林下婦人)이라 하며 그 열매를 연복자(燕覆子)라 한다. 우리나라 중부 이남 지역 산지에서 자생하며, 나무를 타고 잘 올라간다. 다섯 개의 작은 잎이 긴 잎자루에 달려서 손바닥이 펼친 것처럼 퍼진다. 봄에 암자색의 꽃이 피고 긴 타원형의 열매가 암자색으로 가을에 익는다. 소엽의 수가 여덟 개인 것을 여덟잎으름이라 하는데, 안면도·속리산 및 장산곶 등에서 발견되고 있다.

봄에 10~15㎝로 뻗은 어린 순을 자연스럽게 뚝 부러지는 부분까지 채취한 후 데쳐서 나물로 먹는다. 으름덩굴에는

으름

비타민C가 귤의 2배가 들어있어 면역력향상과 피부미용에 효과가 있으며 병후 체력회복에도 도움이 되어 줄기와 뿌리는 약으로 쓰인다.

으름열매는 갓 열렸을 때는 초록이지만, 가을로 들어서면서 차츰 갈색으로 변한다. 손가락 길이에 소시지처럼 생긴 열매는 익으면 세로로 활짝 갈라진다. 솜사탕처럼 부드러운 하얀 육질을 그대로 드러내는데, 입에 넣으면 살살 녹는다. 굳이 비교하면 바나나 맛에 가깝다. 생김새나 맛이 바나나와 비슷하여 '코리언 바나나'로 부르기도 한다.

으름에는 식이섬유가 풍부하게 들어있어 대장 및 장운동을 촉진시켜 변비를 예방하고 치료 효과가 있는데, 으름을 꾸준히 섭취하면 이뇨작용 및 항염작용으로 염증을 제거하고 각종 신장염과 신경통 관절염에 좋다. 으름은 표면을 깨끗하게 말려서 상용하는 것이 좋다.

음나무와 개두릅

음나무는 줄기에 달린 크고 험상궂게 생긴 가시가 양의 기운을 갖고 있기 때문에 음의 기운을 가진 귀신을 물리친다고 하여 생각하여 가시가 엄하게 생긴 나무라고 해서 엄나무(嚴木)로 불리다가 음나무로 변했다고 한다. 민간에서는 음나무가지를 문설주에 걸어두면 잡귀가 들어오지 않는다는 믿음을 갖고 있다.

음나무는 전국의 산지나 숲 가장자리에서 자라며 높이가 10~25m 정도이고 꽃은 7~8월에 여러 개의 황백색 양성화가 모여 핀다. 잎은 5~9 갈래로 갈라지고 어긋나 있으며 나무 줄기에 무척 뾰족하고 긴 가시가 비교적 촘촘히 박혀있다. 음나무와 비슷해서 혼동하기 쉬운 나무는 두릅나무다.
두 나무는 꽃과 열매가 비슷하게 생긴 데다 가시가 달린다
는 점도 같다. 음나무는 어린 가지에 달리는 가시도 무척 굵
고 단단해 보인다. 그에 비해 두릅나무의 어린 가지에 달리
는 가시는 얇고 가냘파 보인다. 또한 음나무순과 두릅순을
잘 관찰하면 쉽게 구분이 된다.

음나무를 해동피(海桐皮)라고 부르는데 한방에서 근육통
이나 관절염 치료에 사용한다. 음나무의 양기는 찬 기운을
몰아내는 작용을 하므로 나무껍질과 뿌리 줄기를 가래약으
로 쓰는데 해열에도 효과적이라고 한다.

음나무의 어린 순을 흔히 개두릅이라 부르는데 데쳐서
초고추장에 찍어 먹거나 튀겨 먹기도 한다. 개두릅은 두릅
보나 훨씬 강한 맛과 향취가 느껴진다. 개두릅의 맛을 한번
보고 나면 두릅은 싱겁게 느껴질 정도다. 음나무 새순은 맛
과 향만 좋은 게 아니라 몸에 좋은 물질도 많이 함유하고 있
다. 여러 종류의 사포닌, 리그닌 및 항산화 물질이 들어 있
는 것으로 알려졌다.

은행나무 잎과 열매

은행나무는 약 3억년 중생대부터 지금까지 살아남은 가장 오래된 나무이다. 은행나무는 우리가 사는 도시와 농촌 등에서 항시 볼 수 있는 나무로 용문사에 있는 은행나무는 천년 이상의 수령을 갖고 있는 장수목으로서 가을에 더욱 돋보이며 사람들의 눈을 즐겁게 하며 건강을 돌봐주는 나무이다.

과피를 제거한 은행나무 열매

은행나무잎에는 플라보노이드 및 테르페노이드 성분이 들어 있어 고혈압, 동맥경화 등 심장질환을 치료하는 의약품의 원료로 쓰인다. 열매에는 생물 성장 호르몬인 시노키틴 지베렐린 성분이 있어 자양강장제로도 효과가 좋고 혈액순환도 돕는 것으로 알려져 있다.

『동의보감』에도 "은행은 폐와 위의 탁한 기를 맑게 하고 숨찬 것과 기침을 멎게 하고 배뇨를 억제한다"고 기록돼 있다. 은행잎과 열매는 방광 입구의 근육을 강화하기 때문에 여성의 요실금이나 남성의 전립선 건강에 좋으며 방광염과 요도염에 좋다.

은행나무 열매(은행)는 노란색이지만 속껍질은 흰색이어서 씨 말린 것은 백과(白果), 잎 말린 것은 백과엽(白果葉)이라하며 만성 기침과 가래에 효능이 있어 기관지염과 천식 등 호흡기 질환에 쓰인다. 고혈압과 당뇨병에는 말린 잎을 1회 2~48씩 달여 복용한다. 기침과 천식에는 은행을 굽거나 삶아서 그 즙과 함께 복용한다. 한꺼번에 많이 먹으면 알레르기 피부염을 일으키고, 두통, 호흡곤란, 근육 뒤틀림 등의 중독증상이 나타날 수 있으니 일일 5~6개가 적당하다.

모과

모과나무는 집 주변, 마을의 빈터, 산 입구 등에 많이 심고 있다. 모과나무는 장미과에 속하는 나무로서 잎은 이른 봄에 열리며 장미 꽃잎을 닮은 부드러운 잎 모양이다. 예쁘고 사랑스러운 꽃이 시들고 나면 모과 열매가 자라는데장미과에 속하는 나무로서 열매가 참외와 비슷하다 하여 목과(木瓜) 또는 목과(木果)라 쓰기도 한다. 나무는 가구재로, 열매는 약재로 쓰인다.

또한 향기로운 모과의 향기는 방향제로 사용하기도 하는데 이처럼 모과나무는 활용도가 높은 식물이다. 겉으로는 보기 흉하고 울퉁불퉁한 모양의 모과는 산미가 강하고 단

단하며 향기가 강한 열매로 가을에 노랗게 익는다. 과육을 꿀에 재워서 정과를 만들어 먹기도 하고, 과실주 또는 차로 끓여 마시기도 한다.

모과와 관련된 많은 효능 중 하나는 바로 높은 수준의 항산화 효능이다. 항산화 효능은 신진대사 결과로 인한 스트레스를 줄이고 염증을 감소시키는 데 탁월한 효능이 있어 노화를 유발하는 활성산소를 제거하여 세포 손상을 예방한다. 모과에 함유되어 있는 케르세틴 및 캄포롤과 같은 플라보놀 성분은 모과의 항산화 기능을 도와주기 때문에 체내 염증을 감소시키고 항염 작용이 뛰어나 감기 등 감염성 질환에 효과적이다.

모과차는 겨울철에 특히 인기가 있는데 모과의 사포닌과 미네랄, 칼슘, 철분 성분은 제내 근육과 뼈 건강 개선에도 효능이 있고 탄닌 성분은 감기, 독감 등 겨울철 감염성 질환 초기 증상 개선에 효과가 있다고 한다. 또한 모과차 효능은 임산부의 입덧을 완화해 준다고 하는데 비타민B6보다 더욱 효과적이라고 한다.

ⓒ국립생물자원관

겨우살이

　겨우살이는 전국의 산에 드물게 자라는 상록 떨기나무로 세계적으로는 중국과 일본에 분포한다. 참나무류, 팽나무, 물오리나무, 밤나무, 자작나무, 배나무 등에 뿌리를 박고 기생한다. 겨우살이 전체가 새 둥지처럼 둥글게 자라고 가지는 Y자 모양으로 갈라지며 노란빛이 도는 녹색이다. 가지의 마디 사이는 길이 3~6㎝이다. 잎은 마주 나며 가지 끝에 보통 3개 달리고 피침형의 길이 3~6㎝, 폭 0.6~1.2㎝로 짙은 녹색을 띠며 가장자리가 밋밋하다.

　겨우살이는 엽록소를 갖고 있어 기생 나무에서 물만을 빨아들여 자체에서 탄소동화작용을 하여 영양분을 만든다.

겨우살이는 동서양을 막론하고 고대 사람들이 초자연적인 힘이 있는 것으로 믿어 온 식물로서 귀신을 쫓고 온갖 병을 고치며 장생불사의 능력이 있는 약초로 여겨왔다.

겨우살이는 가장 강력한 항암식물의 하나로서 식물 추출액은 백혈병 혈액 세포의 증식을 억제하는 데 큰 효과를 보이며 위암, 신장암, 폐암 등 암 치료에 가장 탁월한 효과가 있는 것으로 알려져 있다.

또한, 겨우살이는 훌륭한 고혈압 치료제로서 고혈압으로 인한 두통, 현기증 등에도 탁월한 효과가 있고 당뇨병에도 매우 좋으며 지혈작용도 뛰어나서 여성의 월경과다증과 각가지 출혈이 있는 증상에 효과가 크다. 이러한 약리작용 효과를 보려면 하루 30~40g을 물로 달여 차로 마신다. 겨우살이 전체를 30도 정도의 술에 담가 두었다가 1년 뒤에 조금씩 마시면 관절염, 신경통에 큰 효과를 본다.

백선 (봉황삼)

백선

백선(白鮮)이란 학명보다 뿌리가 봉황새 깃털을 닮았다 하여 봉삼(鳳蔘), 봉황삼(鳳凰蔘)으로 불리며 우리나라 전국의 산과 들에 자라는 여러해살이풀이다. 가늘고 딱딱한 줄기대는 높이 30~90㎝에 이른다.

줄기대 끝에 가지가 약간 어긋나게 3~4개로 갈라지고 가지에 잎은 보통 4~9개 정도 쌍으로 달린다. 작은 잎은 난형 또는 타원형이며 잎가장자리에 작은 톱니가 있다. 꽃은 5~6월에 5개의 붉은 보라색의 줄이 있는 꽃잎이 달리며 연한 붉은색을 띤다. 열매는 삭과이며 5개로 갈라지고 약용으로도 쓰인다.

봉황삼은 잣나무나 큰 나무 뿌리 근처에 군락을 이루며 서

식하는데 뿌리는 나무 뿌리나 돌틈에 깊게 박혀 있다. 뿌리를 캐면 봉황새 꼬리 늘어지듯 또는 수양버들 늘어지듯 하는 그 뿌리에 달린 가느다란 수염이 멋있고 산삼 특유의 냄새가 진하게 난다. 봉황삼의 냄새는 주변 2~3m까지 퍼져서 산삼을 캔 것 같은 기분이 든다.

봉황삼 뿌리에는 딱딱한 2~3mm 굵기의 심이 들어 있는 특징이 있는데 심마니들이 산삼을 캐고 "심 봤다"라고 하는 말의 어원이 되었다고 한다. 봉황삼에는 여러 가지 약효가 있어 한방에서는 건조한 뿌리껍질을 백선피(白鮮皮)라 하며 각종 피부질환, 가려움증, 만성습진에 사용하며 특히 알레르기성 비염, 기침, 천식에 잘 듣는 것으로 알려져 있다

『본초강목』에서도 봉황삼은 폐, 위장, 대장, 지각성 마비, 근육통, 이뇨작용, 비장 등에 효력이 있다고 되어 있다. 봉황삼의 효능으로 음주나 흡연으로 생긴 몸 속 독소를 해독하는 작용에 큰 도움을 주고 아토피를 치료하는 데도 효과가 있다고 한다.

특히 봉황삼에는 게르마늄이라는 성분이 다량 함유되어 있어 몸 속의 활성산소를 제거해 주며 산소를 충분하게 공급해 주어 노화방지와 암세포의 번식을 막아주는 항암 효과가 있다고 한다. 일부 약초 마니아들은 봉황삼이 산삼보다 좋고 정력을 강화시키고 당뇨의 합병증에 도움이 된다

고 하는데 이 부분에서는 진위여부에 대해 많은 논란이 있다. 봉황삼의 심에는 독소가 있다고 하여 생으로 먹을 때는 심을 빼고 먹는 것이 좋으며 봉황삼과 줄기 및 잎을 함께 병에 넣고 30도 정도의 술에 담가서 한 두잔 정도 약주로 음용하면 좋다.

주의사항

지금도 봄철이 되면서부터 많은 사람들이 산에 가서 나물이나 밤, 잣 등을 채취하여 등산 배낭 가득히 담아오는 것을 전철 안에서 자주 본다. 과거 10여 년 전에 나물이나 버섯을 채취하는 단체가 대형 승합차나 버스를 대절하여 산나물이나 버섯이 많이 나는 마을 입구에 20~30명씩 무리지어 산나물 등을 채취함으로서 마을 주민과 시비가 생기고 민원을 초래한 사례들이 있다. 그래서 등산하면서 나물이나 배섯 등을 채취할 때는 다음 사항을 숙지하고 행동해야한다.

- 등산로에 인접된 개인 소유의 산림이나 밭에 나는 나물이나 버섯은 개인 사유 재산을 탈취하는 것이기 때문에 민형사상의 배상과 처벌을 받을 수 있다.
- 특히 마을 주민들이 소중하게 생각하는 마을 주변의 두릅, 잣, 산삼, 장뇌삼, 송이버섯, 표고 버섯 등의 채취는 가능한 마을 주민과 시비 대상이 되므로 채취하지 않는 것이 바람직하다.
- 일반적으로 쑥, 다래나물, 민들레, 엉겅퀴, 머위, 씀바귀 등의 나물들과 산속의 운지버섯, 덕다리버섯, 그물버섯 등은 별로 시비의 대상이 되지 않는다.
- 산림청의 산림자원법 아래 대통령 시행령에 의하면 나물이나 버섯 및 나무 열매 등도 임산물로 보고 산에서 채취하는 것을 금지시키고 경우에 따라 처벌할 수 있다고 한다.

국가 소유의 산이 정부가 관리하도록 국민이 위임한 것이나 국민 개개인이 산에서 즐길 수 있는 조그마한 자유(산나물이나 버섯 채취)도 억제시키는 모순이 있다고 판단되지만 아마도 주민과의 마찰을 우려한 시행령이 아닌가 생각되니 이 점도 유의해야 할 것이다.

향기로 마시는 야생꽃차

봄이 오면 온 산에 작은 야생화부터 진달래, 철쭉 등 아름다운 꽃이 만개한다. 산행하면서 꽃의 아름다움을 감상하지만 꽃을 식용으로 사용하고자 꽃을 따가는 사람도 있다. 우리나라에는 식화(食花)문화라는 것이 있다. 식화문화란 간단히 말하면 음식문화의 하위개념의 한 갈래로서 꽃을 식용하는 데 관한 문화이다. 우리나라는 예로부터 자연과 더불어 살면서 꽃과 밀접한 관계를 맺어 왔다. 꽃을 관상의 대상으로 삼았을 뿐만 아니라 음식 재료로도 널리 활용하였다.

우리 선조들은 오랜 경험을 통해 꽃에 포함되어 있는 여러 가지 풍부한 영양물질들이 오장육부를 활성화시키고 기(氣)를 도우며 노쇠를 예방하고 건강과 장수에 이롭다는 것을 알고 꽃을 먹기도 하고 차로서 또는 술과 약으로 쓰기도 하였다. (박달수 지음,《중국 조선족 식화문화》, 12p, 2008년) 등산인들이 쉽게 꽃을 이용한 차나 술을 만들어 먹는 것을 간단히 소개하고자 한다.

생강나무꽃

봄에 제일 먼저 온산을 노랗게 물들이는 꽃이 바로 생강나무꽃과 산수유꽃이다. 생강나무라는 이름은 줄기와 잎에서 생강 냄새가 난다고 해서 붙여진 이름이다. 산수유꽃과 생강나무꽃은 모양이 비슷하나 자세히 살펴보면 구분할 수 있다. 생강나무꽃은 나무 줄기에 바로 붙어서 수십개의 꽃잎이 뭉쳐있고 꽃과의 간격이 넓다. 산수유꽃은 나무 줄기에 가지가 뻗어서 끝에 꽃이 핀다.

생강나무의 독특한 향기와 맛 때문에 잎을 말린 후 가루내어 향신료로 사용하기도 하는데 이른 봄꽃은 차로 이용하며 부드러운 잎은 튀각 등 다양한 조리법으로 식용할 수 있으며, 삼겹살 등을 먹을 때 쌈 재료로 활용하기도 한다. 생강나무꽃 차는 위를 따뜻하게 하고, 혈액순환에 도움이 되고 소화불량, 어혈, 타박상, 근육통, 피부 질환, 산후통 등에 좋다.

한방에서는 생강나무 껍질을 삼첩풍(三鈷風)이라 하여 타박상으로 어혈이 진 것을 치료하고 산후 몸이 붓고 팔다리가 아픈 증상에 쓴다고 한다. 민간에서는 오한, 복통, 신경통, 타박상, 멍든 피를 풀어주는 데 사용했다고 한다. 가을철 검게 익은 열매를 술에 담가 두었다가 마시면 근육과 뼈, 힘줄이 튼튼해지고 머리가 맑아진다고 한다.

생강나무꽃차

진달래꽃

봄이 오면 산에 산수유꽃과 생강나무꽃이 노란색으로 피고 나서 이 꽃들이 질 때가 되면 산에는 연분홍색 진달래꽃이 산골짜기와 능선에 화사하게 핀다. 진달래꽃은 직접 따 먹을 정도로 매우 친숙한 꽃이며 꽃잎을 따서 화전을 부쳐서 먹기도 하고 술을 담가 먹기도 한다. 옛날부터 우리 선조들은 봄이 되면 '꽃놀이' 또는 '화류놀이'라는 풍속이 있는데 춘 3월에 마을 주민들이 산밑이나 넓은 장소에 모여서 가져온 음식을 서로 나누어 먹으며 음주가무를 즐긴다. 이때 부녀자들은 꽃잎을 따서 화전을 부쳐서 나눠 먹고, 남자들은 진달래꽃으로 만든 진달래술 또는 두견주를 화전과

봄나물을 안주하여 마시며 꽃피는 봄날의 하루를 즐긴다.

진달래꽃은 전국의 산야 어디에서나 피기 때문에 꽃의 채취가 용이하여 진달래꽃을 이용한 술은 신분의 구별없이 가장 널리 빚어 마셨던 가장 대표적인 '봄철 술'이었다. 진달래술은 향기도 좋을 뿐만 아니라, 혈액순환 개선, 피로회복, 천식, 여성의 허리냉증 등에 약효가 인정되어 약용주로 인기가 좋다. 화전이나 진달래술은 진달래꽃을 따서 독성이 있는 꽃술은 빼고 꽃잎만 사용한다. 보통 집에서 간단히 진달래술을 만드는 방법은 진달래꽃을 말려서 병에 넣은 후 30도 소주를 부어 6개월 정도 숙성시키면 향기로운 진달래술을 먹을 수 있다. 전통 명주인 두견주(진달래술)는 찹쌀로 고두밥을 짓고 식혀서 누룩과 물을 섞어 술을 빚는데, 덧술할 때 진달래꽃을 섞어 버무려서 발효시킨다.

칡·칡순·칡꽃

칡은 목본성 낙엽활엽 덩굴성식물로서 동북아시아가 원산지로 이들 지역에서는 녹말을 함유한 식용뿌리와 줄기로부터 만들어지는 섬유를 얻기 위해 오랫동안 재배했다. 한방에서는 꽃 말린 것을 갈화(葛花), 뿌리 말린 것을 갈근(葛根)이라고 한다.

칡은 빨리 자라는 목본성 덩굴로 한 계절에 길이가 18m까지 자라기도 한다. 산기슭 양지쪽에 나며 햇볕을 잘 받는 곳이면 어느 곳에서나 잘 자란다. 칡은 너무 잘 자라나는 특성 때문에 교목과 관목 위뿐만 아니라 벌거벗은 땅으로 쉽게 퍼져 나가 산림 생태계를 교란시키는 잡초가 되었다.

칡은 주로 뿌리를 섭취하는데, 쓴맛과 단맛이 함께 느껴지는 맛을 가지고 있다. 효능으로는 간 건강의 개선과 원기회복 등이 있으며, 감기에 걸렸을 때 열을 내리는 용도로 사용된다. 갱년기의 여성이 섭취할 경우 갱년기 증상을 완화해 주는 효과도 있다고 알려졌다.

칡뿌리가 과거에는 구황작물로 여겨졌으나 현재는 건강식품이나 자양강장제로 소비되고 있다. 보통은 즙을 내어 가공식품으로 판매하거나 달여내어 꿀을 탄 뒤 차로 마신다. 특히 칡 속에는 알콜 분해효소인 알코올데하이드로라제가 들어있어 술을 마시기 전에 칡즙을 먹거나 술을 마신 다음 날 숙취해소에 칡즙이나 칡차를 마시면 술이 빨리 깬다.

5월 중순부터 산길을 가다보면 커다란 잎과 넝쿨 사이로 가늘고 길게 뻗어 나온 약간 검게 보이는 줄기를 볼 수 있다. 이것이 칡순인데 봄 칡순은 영양분이 풍부하여 허약한 체질을 개선하는 효과가 뛰어나다고 한다. 어린 칡순을 손바닥 길이로 잘라서 햇볕에 말린 다음 차, 시럽, 술로 만들어 먹는다. 칡순은 골다공증, 관절염, 숙취해소, 불면증, 견비통, 간기능 개선, 피부개선, 노화방지 효능이 있다고 한다. 칡차는 말린 칡순을 뜨거운 물에 담가 마시면 향기로운 칡 냄새가 나서 차로 마시기에 좋다. 칡순 시럽은 칡순 200g에 흑설탕 300g을 섞어서 1년 동안 발효시켜서 먹는

칡순

다. 발효되어진 즙에 물만 부어서 마시면 되는데 성장 호르 몬을 촉진시키고 변비에 좋다. 칡 또는 칡순에 30도 정도의 담금소주를 부어서 밀봉한 후 3주 이상 1년 정도 숙성하여 두었다가 먹으면 마시기가 부드럽고 칡 향기가 좋은 칡주 가 된다. 가을에 칡 넝쿨사이로 솟아 올라와 피는 붉은색의 칡꽃도 칡순과 같이 말려서 차나 술로 담가 먹는다.

산수유꽃

3~4월에 노란색으로 피는 산수유꽃은 남자들에게 좋은 자양강정과 항암효능이 있을 뿐만 아니라, 이명, 전립선염, 월경과다, 자궁출혈, 요실금 등에도 효능이 있다고 알려져 남녀 모두에게 이로운 효능이 있다. 산수유꽃을 따서 말린 후 끓인 물에 넣고 5분 정도 우려서 꽃차를 마시면 꽃향과 함께 부드러운 차(茶)맛을 느낄 수 있다.

산수유 열매

산수유나무의 열매는 타원형으로 처음에는 녹색이었다가 8~10월에 붉게 익으며 열매가 약간의 단맛과 함께 떫고 강한 신맛이 난다. 10월 중순 서리가 내린 후에 수확하는데, 육질과 씨앗을 분리하여 육질은 술과 차 및 한약의 재료로 사용한다. 과육(果肉)에는 코르닌(cornin)·모로니사이드(Morroniside)·로가닌(Loganin)·타닌(tannin)·사포닌(Saponin) 등이 들어있고 포도주산·사과산·주석산, 비타민 A와 다량의 당(糖)도 포함되어 있다. 《동의보감》에 의하면 강음(强陰), 신정(腎精)과 신기(腎氣)보강, 수렴 등의 효능이 있다고 한다.

엉겅퀴꽃

엉겅퀴 속에 함유된 실리마린이 강력한 항산화 작용을 해 간기능을 회복시켜주고 엉겅퀴꽃(야홍화)을 말려서 차로 마시면 남성의 정력을 강화를 시켜주고 출산후 어혈을 풀어주고 모유분비를 증가시켜주며, 갱년기, 피부질환 등에 효능이 있다고 알려져 있다. 채취할 때는 엉겅퀴 줄기와 잎에 강한 가시가 있어 유의해야 하며, 반드시 장갑을 끼는것이 좋다.

꽃차

우리 선조들은 봄부터 가을까지 피는 꽃으로 100여 가지 꽃차를 만들어 애용했는데 그중 산밑이나 계곡 및 능선 주위에서 쉽게 채취할 수 있는 꽃차 15가지를 더 소개하면 다음과 같다.

- 동백꽃차: 토혈, 육혈, 인후통에 좋고 지혈작용에 효능이 있다.
- 매화차: 향기가 좋고 갈증을 해소하고 숙취를 제거한다.
- 유채꽃차: 눈을 밝게 하고 독을 차단하며 지혈작용이 있다.
- 머위꽃차: 알칼리성 식품으로 해독 작용이 뛰어나 암을 예방한다.
- 개나리꽃차: 당뇨에 효과가 있으며 이뇨작용이 있고 항균, 항염증 작용이 있다.
- 벚꽃차: 숙취에 이롭고 구토에 효과가 있다. 해소, 천식에도 효과를 보인다.
- 살구꽃차: 갈증 해소와 장이나 위에 열이 많아 생기는 변비에 효과가 좋다.
- 모과꽃차: 소화 불량에 효과가 있고 항염 효능이 있다.
- 민들레꽃차: 소화 불량과 변비에 좋고 소염 이뇨작용이 있다.

- 아카시아꽃차: 신장염 치료에 좋으며 방광염, 기침, 기관지염에도 쓰인다.
- 송화차: 송화가루로 만들며 중풍, 고혈압, 심장병, 신경통에 좋다.
- 도라지꽃차: 진정, 진통, 해열, 혈당 강하 작용 등에 좋다.
- 맨드라미꽃차: 치질과 대소변시 출혈에 지혈작용과 월경과다, 자궁출혈에 좋다.
- 참취꽃차: 기침, 당뇨, 신장염 등에 효과가 있다.
- 쑥꽃차: 월경통을 완화하고 위를 따뜻하게 해준다.

자연이 만든 예술품

자연이 만든 예술품은 산 계곡이나 산밑 개울 또는 강가에서 얻을 수 있는 수석과 산의 능선이나 나무 숲속에서 볼 수 있는 고사한 나무의 괴상한 형태의 나무의 가지나 뿌리를 말한다. 전문적인 수석 수집가가 아니라도 취미로 수석에 관심을 가지면 재미난 수석을 얻어 감상할 수 있다. 일반적으로 수석하면 까만 오석으로 아름답게 가공한 것을 많이 볼 수 있고 때에 따라서는 화석이 들어 있는 수석을 전시장 등에서 볼 수 있다.

인왕산을 닮은 자연석

수석

　수석(壽石)이란 두 손으로 들 정도 이하의 작은 자연석으로 산수미의 경치가 축소되어 있고 기묘함을 나타내고 회화적인 색채와 무늬가 조화를 이룬 돌을 말한다. 또한 환상적인 추상미를 발산하는 것으로서 시정(詩情)이 함축되어 있으며 정서적인 감흥을 불러일으켜야 한다. 수석은 자그마한 돌로 가공되지 않은 천연 그대로여야 하며 주로 실내에 놓고 감상한다.

수석 취미의 바탕은 대자연은 곧 나요 나는 대자연의 일부분이라는 자연과 인간과의 혼연일체에 도달하여 자연의 깊은 이치를 갖가지로 이해하려는 동양적 사상에 나온 것으로 직접 산에 가서 등산을 하며 아름다운 자연을 감상하지 않고도 집에서 등산의 묘미를 느끼고자 하는 데 있다. 나는 산행 중 계곡이나 산자락에서 자연 그대로의 수석을 많이 수집하여 운룡도서관에 진열해 놓았는데 그중에서도 인왕산을 닮은 수석을 귀중히 여기며 매일 보면서 산을 감상하고 있다.

소용돌이 우주를 연상하는 수석

수석은 무슨 짐승이나 곤충·새·꽃·사람 또는 탑이나 건물 같은 온갖 삼라만상의 형상이 들어 있는 물형석(物形石)·무늬석·추상석(抽象石)이 있지만, 한 개의 작은 돌에 산수 경치(깊은 골짜기나 낭떠러지, 하나의 산봉우리를 이룬 것)가 상징적으로 축소되어 나타나 있는 돌인 산수경석(山水景石, 山水石)이 가장 으뜸이다.

수석을 갖고 왔으면 흙때·물때와 끼인 모래알 따위를 말끔히 닦아내어 수석 본연이 지닌 때깔과 자연미를 살려야 한다. 그리고 물형석·무늬석·추상석 등은 돌의 형태에 적합하도록 좌대조각(나무받침)을 정교하게 제작하여 돌을 받쳐놓는 것이 좋으며, 수반(水盤)을 주로 이용하는 산수석은 수반에 해맑은 모래를 깔고 알맞은 위치에 자리잡아 산수경정(山水景情)이 돋보이게 하여 감상한다.

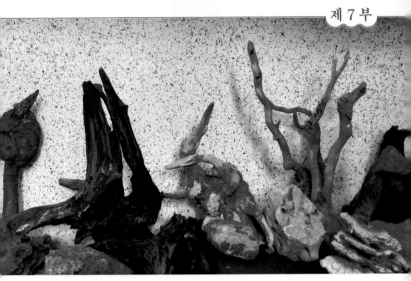

나무뿌리로 만든 공예품

괴목

등산을 하다보면 능선이나 계곡의 물가 또는 나무숲속에
서 벼락을 맞거나 죽어서 넘어진 나무의 밑동에서 뿌리 또
는 재미난 모양의 가지를 볼 수가 있다. 이런 것들을 잘 골
라서 흙과 때를 벗기고 손질하여 집안 거실이나 사무실에
설치하면 아주 재미있는 예술 작품이 될 수 있다. 산이란 자
연을 가까이 하고 등산을 하다보면 여러 가지 자연의 예술
품을 얻을 수 있는 행운을 가질 수도 있다.

산행 시 꼭 알아야 할 것들

1. 올바른 산행 방법

사계절에 따라 산의 경치를 구경하며 산속의 보물을 찾고자 혼자 또는 두세 사람들이 남들이 잘 가지 않는 깊은 산골로 찾아 다니는 경우가 많다. 산행 중 예기치 못하게 안전사고가 일어나는 경우에 대비하여 대상 산의 코스를 사전에 잘 파악하고 계획된 일정대로 산행하는 것이 원칙이다.

등산은 산을 오르고 내려가고 하는 것의 연속이기 때문에 올바른 등산 방법을 알아두고 실천하면서 몸에 익숙한 상태가 되면 등산도 즐기며 산속의 좋은 보물을 채취하면서 건강도 돌볼 수 있다.

일반등산은 모든 등산에 기본이 되는 보행법, 오르막길과 내리막길의 걸음걸이, 숲길·낙엽길·계곡길 가기, 계곡 건너기, 능선길 가기, 돌풍 피하기, 비나 눈 속의 등산, 낙석 때의 등산 등이 있으며, 모든 경우 일정한 보행속도의 조절과 등산로 선택법, 길을 잃었을 때의 안전 등산법이 요구된다.

등산은 에너지소모가 큰 활동이지만 고단백, 고지방의 식품은 오히려 위와 심장에 부담을 줄 수 있기 때문에 식사는 탄수화물 위주로 적당량을 섭취하고 간식으로 고당질 식품을 섭취하여 에너지를 보충하는 것이 좋다. 소량의 술을 먹는 것도 산행의 별미일 수도 있지만 산행에서는 술은 마시지 말아야 하며 특히 산행에 지장을 초래할 정도의 과음은 삼가야 한다.

등산 중 조난은 등산자 스스로에게 원인이 있는 실족, 장비부족, 기술미숙, 정신적·육체적 결함, 판단 착오인 것과, 기상돌변, 낙뢰, 눈사태, 낙석 같은 자연 재해의 원인인 것으로 구분한다. 자연 재해의 경우는 절대적 위험이고 개인의 실수에 의한 것은 조건 있는 위험이다. 이 절대적 위험 중에는 불가항력의 위험도 있으나 이것을 잘 판단하고 예방하며 또는 극복할 때 조난의 위험을 피할 수 있다.

조난을 방지하기 위해서는 자기 체력과 산행 경험에 따른 등산코스와 산속의 보물을 채취할 장소를 잘 선택해야 하고, 급경사를 내려 간다든가 산에서의 만용과 저돌적인 용맹은 금물이다. 또한 침착한 행동, 장비의 적절함과 점검을 게을리해서는 안되며, 당일의 기상변화에 항상 유의해야 한다.

산중에서 길을 잃어버린 경우에는 가까운 능선으로 다시 올라가 계곡과 능선 등 산 지형을 잘 살펴보고 산밑 도로나 주택 등을 보고 될 수 있는 대로 능선을 타고 하산해야 안전하다. 겨울철에는 눈이 많고 얼음이 얼으므로 아이젠 착용과 스틱으로 안전하게 걸어야 한다.

산비탈 구간에 있는 너덜바위 구간이나 가을철에 길이 아닌 산비탈을 내려올 경우에도 낙엽이 쌓인 경사진 비탈길은 미끄러져 추락할 수 있기 때문에 조심해서 내려와야 한다. 또한 하산이 늦어서 해가 저물어 길을 잃어 낭패를 당하는 위험한 경우도 생길 수 있다. 이런 경우를 대비하여 종주나 나홀로 산행시에는 항상 스틱과 배낭에 최소 10m 안전자일, 플래시, 비상 식량, 구급약품을 항상 갖고 다녀야 한다. (참고서적 이명우 지음, 『산에 가는 사람 모두 등산의 즐거움을 알까』, 도서출판 행복에너지, 2019년)

2. 구급 의료함

발목이 삐인 등산객 응급치료

등산을 하다 보면 초보자나 등산 전문가들도 부주의와 실수로 넘어지거나 사고를 당할 수 있다. 이때 바로 치료를 위한 응급조치가 필요하다. 그러나 많은 등산객들이 구급 의료함을 갖고 다니지 않아 위급한 상황에 낭패를 당하는 경우가 있다.

즐겁고 안전한 등산을 위해서는 누구나 소형 구급 의료함을 갖고 다니는 습관을 갖는 것이 좋다. 특히, 혼자 산행을 할 경우는 의료함뿐만 아니라 10m정도의 자일과 약간의 비상 식량을 갖고 다니는 것이 바람직하다.

요즘 인터넷에서 판매하는 소형 구급 의료함이 많이 있고 값도 매우 저렴하다. 구급 의료함은 기본적으로 다음과 같은 것들이 들어 있는 것이 갖고 다니기에 적당하다.

- 크　기 : 미니 구급낭 11㎝ x 15㎝

- 내용물 : 드레싱 밴드, 알콜 스왑, 밴드 덕용, 알스틱 스왑(알콜 면봉), 가위, 플라스틱 핀셋, 탈지면, 면 반창고(소), 소형 에어스프레이 파스

운룡도서관

　운룡도서관은 2015년 12월에 설립된 후에 광진구청에 신고된 저자의 개인 도서관으로서 한적본 고서 200여 권을 포함한 역사 도서 3,000여 권 등 약 20,000 여 권의 장서를 갖고 많은 회원들에게 도서 열람의 편의를 제공하고 있다.

　또한, 도서관에서 운용하는 운룡역사문화포럼에서 인문학과 역사·문화·예술 분야의 강의를 118회 째 수행하였으며, 회원들과 함께 지방의 역사유적을 답사하는 운룡역사탐방도 40회 째하고 있는 역사전문 작은도서관이다.

운룡역사문화탐방　　　　　　　　　　　　운룡역사문화포럼

도서출판 운룡도서관

　금년 2월에 운룡도서관 부설로 설립한 도서출판 운룡도서관은 도서관이 보유한 잘 알려지지 않은 역사·인문학 고서의 번역과 영인 사업을 하며, 또한 개성있는 역사·인문·과학기술 분야의 논문과 저술된 책을 출간하여 관련 분야 학자와 일반인 들에게 보급할 목적으로 설립하여 운영하고 있다.

판매 고서